冰冻圈科学丛书

总主编：秦大河

副总主编：姚檀栋　丁永建　任贾文

冰冻圈灾害学

温家洪　王世金 等　著

科学出版社

北　京

内 容 简 介

冰冻圈灾害是冰冻圈地区社会经济可持续发展的重要制约因素。降低冰冻圈灾害风险，减轻灾害造成的巨大损失和影响是保障冰冻圈作用和影响区居民生命财产安全和可持续发展的关键。本书以作者在该领域多年的教学和科研积累为基础，结合国内外最新的前沿理论和实践进行编写，主要内容包括冰冻圈灾害的基本概念、理论与方法，冰冻圈灾害风险分析的基本方法，冰冻圈灾害类型、时空分布，气候变化与冰冻圈灾害，陆地冰冻圈灾害、海洋冰冻圈灾害和大气冰冻圈灾害的成因、影响和防治，以及冰冻圈灾害风险管理等。

本书适合作高等院校冰冻圈、地理、气象与气候、灾害风险管理、应急管理等相关专业的本科生和研究生教材，也可以供冰冻圈地区可持续发展、防灾减灾、风险管理相关领域的研究者和从业者阅读参考。

图书在版编目（CIP）数据

冰冻圈灾害学/温家洪等著. —北京：科学出版社，2020.6

（冰冻圈科学丛书 / 秦大河总主编）

ISBN 978-7-03-065473-1

Ⅰ. ①冰…　Ⅱ. ①温…　②王…　Ⅲ. ①冰川学–灾害学　Ⅳ. ①P343.6　②X4

中国版本图书馆 CIP 数据核字（2020）第 098570 号

责任编辑：丁传标　李　静 / 责任校对：樊雅琼

责任印制：吴兆东 / 封面设计：图阅盛世

科学出版社 出版

北京东黄城根北街 16 号

邮政编码：100717

http://www.sciencep.com

北京建宏印刷有限公司 印刷

科学出版社发行　各地新华书店经销

*

2020 年 6 月第　一　版　开本：787×1092　1/16

2023 年 1 月第四次印刷　印张：8 3/4

字数：200 000

定价：58.00 元

（如有印装质量问题，我社负责调换）

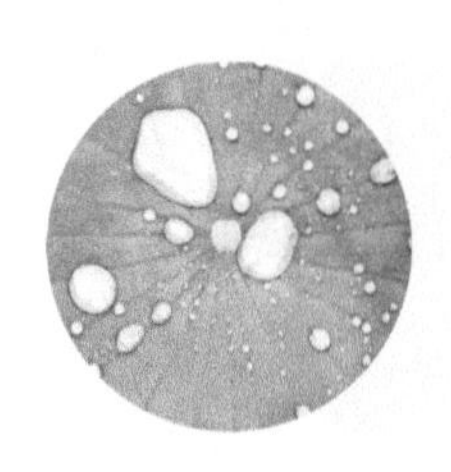

“冰冻圈科学丛书”编委会

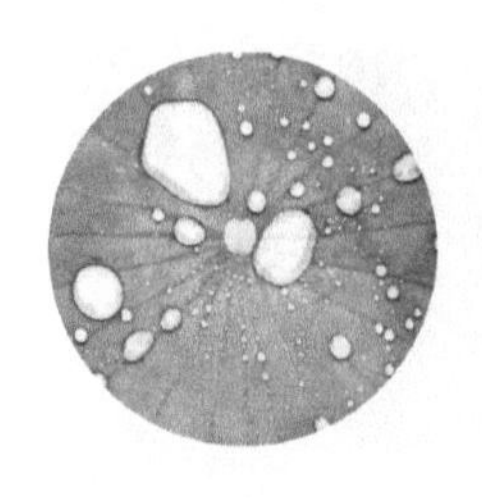

本书编写组

主　　笔：温家洪　王世金

主要作者：马丽娟　王　欣　上官冬辉　郭万钦

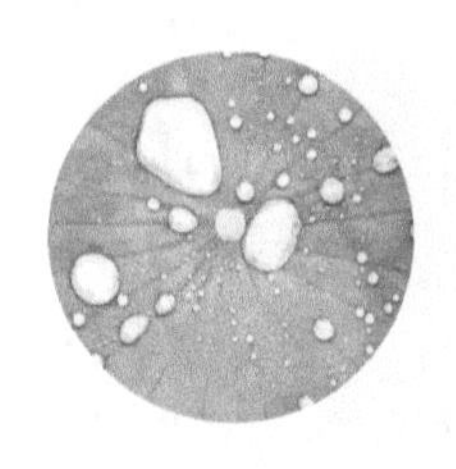

丛书总序

习近平总书记提出构建人类命运共同体的重要理念，这是全球治理的中国方案，得到世界各国的积极响应。在这一理念的指引下，中国在应对气候变化、粮食安全、水资源保护等人类社会共同面临的重大命题中发挥了越来越重要的作用。在生态环境变化中，作为地球表层连续分布并具有一定厚度的负温圈层，冰冻圈成为气候系统的一个特殊圈层，涵盖了冰川、积雪和冻土等地球表层的冰冻部分。冰冻圈储存着全球77%的淡水资源，是陆地上最大的淡水资源库，也被称为“地球上的固体水库”。

冰冻圈与大气圈、水圈、岩石圈及生物圈并列为气候系统的五大圈层。科学研究表明，在受气候变化影响的诸环境系统中，冰冻圈变化首当其冲，是全球变化最快速、最显著、最具指示性，也是对气候系统影响最直接、最敏感的圈层，被认为是气候系统多圈层相互作用的核心纽带和关键性因素之一。随着气候变暖，冰冻圈的变化及对海平面、气候、生态、淡水资源以及碳循环的影响，已经成为国际社会广泛关注的热点和科学研究的前沿领域。尤其是进入21世纪以来，在国际社会推动下，冰冻圈研究发展尤为迅速。2000年世界气候研究计划推出了气候与冰冻圈核心计划（WCRP-CliC）。2007年，鉴于冰冻圈科学在全球变化中的重要作用，国际大地测量和地球物理学联合会（IUGG）专门增设了国际冰冻圈科学协会，这是其成立80多年来史无前例的决定。

中国的冰川是亚洲十多条大江大河的发源地，直接或间接影响下游十几个国家逾20亿人口的生机。特别是以青藏高原为主体的冰冻圈是中低纬度冰冻圈最发育的地区，是我国重要的生态安全屏障和战略资源储备基地，对我国气候、气态、水文、灾害等具有广泛影响，又被称为“亚洲水塔”和“地球第三极”。

中国政府和中国科研机构一直以来高度重视冰冻圈的研究。早在1961年，中国科学院就成立了从事冰川学观测研究的国家级野外台站天山冰川观测试验站。1970年开始，中国科学院组织开展了我国第一次冰川资源调查，编制了《中国冰川目录》，建立了中国冰川信息系统数据库。1973年，中国科学院青藏高原第一次综合科学考察队成立，拉开了对青藏高原进行大规模综合科学考察的序幕。这是人类历史上第一次全面地、系统地对青藏高原的科学考察。2007年3月，我国成立了冰冻圈科学国家重点实验室，是国际上第一个以冰冻圈科学命名的研究机构。2017年8月，时隔四十余年，中国科学院启动了第二次青藏高原综合科学考察研究，习近平总书记专门致贺信勉励科学考察研究队。此后，中国科学院还启动了“第三极”国际大科学计划，支持全球科学家共同研究好、

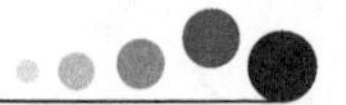

守护好世界上最后一方净土。

当前，冰冻圈研究主要沿着两条主线并行前进，一是深化对冰冻圈与气候系统之间相互作用的物理过程与反馈机制的理解，主要是评估和量化过去和未来气候变化对冰冻圈各分量的影响；另一条主线是以“冰冻圈科学”为核心，着力推动冰冻圈科学向体系化方向发展。以秦大河院士为首的中国科学家团队抓住了国际冰冻圈科学发展的大势，在冰冻圈科学体系化建设方面走在了国际前列，《冰冻圈科学丛书》的出版就是重要标志。这一丛书认真梳理了国内外科学发展趋势，系统总结了冰冻圈研究进展，综合分析了冰冻圈自身过程、机理及其与其他圈层相互作用关系，深入解析了冰冻圈科学内涵和外延，体系化构建了冰冻圈科学理论和方法。系列丛书以“冰冻圈变化-影响-适应”为主线，包括了自然和人文相关领域，内容涵盖了冰冻圈物理、化学、地理、气候、水文、生物和微生物、环境、第四纪、工程、灾害、人文、地缘、遥感以及行星冰冻圈等相关学科领域，是目前世界上最全面系统的冰冻圈科学丛书。这一丛书的出版，不仅凝聚着中国冰冻圈人的智慧、心血和汗水，也标志着中国科学家已经将冰冻圈科学提升到学科体系化、理论系统化、知识教材化的新高度。在这一系列丛书即将付梓之际，我为中国科学家取得的这一系统性成果感到由衷的高兴！衷心期待以丛书出版为契机，推动冰冻圈研究持续深化、产出更多重要成果，为保护人类共同的家园——地球，作出更大贡献。

白春礼

中国科学院院士

中国科学院院长

“一带一路”国际科学组织联盟主席

2019 年 10 月于北京

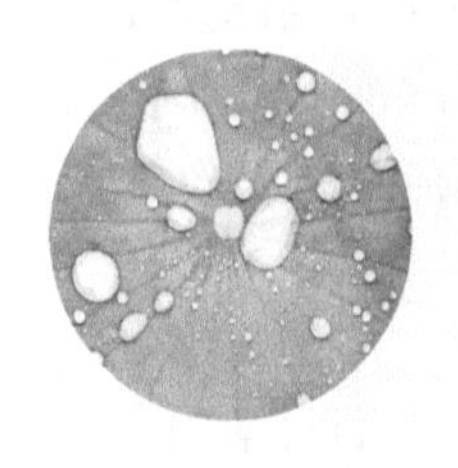

丛书自序

虽然科研界之前已经有了一些调查和研究，但系统和有组织的对冰川、冻土、积雪等中国冰冻圈主要组成要素的调查和研究是从20世纪50年代国家大规模经济建设时期开始的。为满足国家经济社会发展建设的需求，1958年中国科学院组织了祁连山现代冰川考察，初衷是向祁连山索要冰雪融水资源，满足河西走廊农业灌溉的要求。之后，青藏公路如何安全通过高原的多年冻土区，如何应对天山山区公路的冬春季节积雪、雪崩和吹雪造成的灾害，等等，一系列亟待解决的冰冻圈科技问题摆在了中国建设者的面前，给科技工作者提出了课题和任务。来自四面八方的年轻科学家们，齐聚在皋兰山下、黄河之畔的兰州，忘我地投身于研究，却发现大家对冰川、冻土、积雪组成的冰冷世界知之不多，认识不够。中国冰冻圈科学研究就是在这样的背景下，踏上了它六十余载的艰辛求索之路！

进入20世纪70年代末期，我国冰冻圈研究在观测试验、形成演化、分区分类、空间分布等方面取得显著进步，积累了大量科学数据，科学认知大大提高。1980年代以后，随着中国的改革开放，科学研究重新得到重视，冰川、冻土、积雪研究也驶入发展的快车道，针对冰冻圈组成要素形成演化的过程、机理研究，基于小流域的观测试验及理论等取得重要进展，研究区域上也从中国西部扩展到南极和北极地区，同时实验室建设、遥感技术应用等方法和手段也有了长足发展，中国的冰冻圈研究实现了国际接轨，研究工作进入了平稳、快速的发展阶段。

21世纪以来，随着全球气候变暖进一步显现，冰冻圈研究受到科学界和社会的高度关注，同时，冰冻圈变化及其带来的一系列科技和经济社会问题也引起了人们广泛注意。在深化对冰冻圈自身机理、过程认识的同时，人们更加关注冰冻圈与气候系统其他圈层之间的相互作用及其效应。在研究冰冻圈与气候相互作用的同时，联系可持续发展，在冰冻圈变化与生物多样性、海洋、土地、淡水资源、极端事件、基础设施、大型工程、城市、文化旅游乃至地缘政治等关键问题上展开研究，拉开了建设冰冻圈科学学科体系的帷幕。

冰冻圈的概念是20世纪70年代提出的，科学家们从气候系统的视角，认识到冰冻圈对全球变化的特殊作用。但真正将冰冻圈提升到国际科学视野始于2000年启动的世界气候研究计划-气候与冰冻圈核心计划（WCRP-CliC），该计划将冰川（含山地冰川、南极冰盖、格陵兰冰盖和其他小冰帽）、积雪、冻土（含多年冻土和季节冻土），以及海冰、

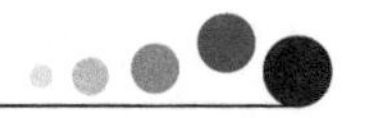

冰架、冰山、海底多年冻土和大气圈中冻结状的水体视为一个整体，即冰冻圈，首次将冰冻圈列为组成气候系统的五大圈层之一，展开系统研究。2007 年 7 月，在意大利佩鲁贾举行的第 24 届国际大地测量与地球物理学联合会（IUGG）上，原来在国际水文科学协会（IAHS）下设的国际雪冰科学委员会（ICSI）被提升为国际冰冻圈科学协会（IACS），升格为一级学科。这是 IUGG 成立 80 多年来唯一的一次机构变化。冰冻圈科学(cryospheric science, CS)这一术语始见于国际计划。

在 IACS 成立之前，国际社会还在探讨冰冻圈科学未来方向之际，中国科学院于 2007 年 3 月在兰州成立了世界上第一个以“冰冻圈科学”命名的“冰冻圈科学国家重点实验室”，7 月又启动了国家重点基础研究发展计划（973 计划）项目——“我国冰冻圈动态过程及其对气候、水文和生态的影响机理与适应对策”。中国命名“冰冻圈科学”研究实体比 IACS 早，在冰冻圈科学学科体系化方面也率先迈出了实质性步伐，又针对冰冻圈变化对气候、水文、生态和可持续发展等方面的影响及其适应展开研究，创新性地提出了冰冻圈科学的理论体系及学科构成。中国科学家不仅关注冰冻圈自身的变化，更关注这一变化产生的系列影响。2013 年启动的国家重点基础研究发展计划 A 类项目（超级“973”）“冰冻圈变化及其影响”，进一步梳理国内外科学发展动态和趋势，明确了冰冻圈科学的核心脉络，即变化—影响—适应，构建了冰冻圈科学的整体框架——冰冻圈科学树。在同一时段里，中国科学家 2007 年开始构思，从 2010 年起先后组织了 60 多位专家学者，召开 8 次研讨会，于 2012 年完成出版了《英汉冰冻圈科学词汇》，2014 年出版了《冰冻圈科学辞典》，匡正了冰冻圈科学的定义、内涵和科学术语，完成了冰冻圈科学奠基性工作。2014 年冰冻圈科学学科体系化建设进入到一个新阶段，2017 年出版的《冰冻圈科学概论》（其英文版将于 2020 年出版）中，进一步厘清了冰冻圈科学的概念、主导思想，学科主线。在此基础上，2018 年发表的 *Cryosphere Science: research framework and disciplinary system* 科学论文，对冰冻圈科学的概念、内涵和外延、研究框架、理论基础、学科组成及未来方向等以英文形式进行了系统阐述，中国科学家的思想正式走向国际。2018 年，由国家自然科学基金委员会和中国科学院学部联合资助的国家科学思想库——《中国学科发展战略 • 冰冻圈科学》出版发行，《中国冰冻圈全图》也在不久前交付出版印刷。此外，国家自然科学基金委 2017 年资助的重大项目“冰冻圈服务功能与区划”在冰冻圈人文研究方面也取得显著进展，顺利通过了中期评估。

一系列的工作说明，是中国科学家的深思熟虑和深入研究，在国际上率先建立了冰冻圈科学学科体系，中国在冰冻圈科学的理论、方法和体系化方面引领着这一新兴学科的发展。

围绕学科建设，2016 年我们正式启动了《冰冻圈科学丛书》（以下简称《丛书》）的编写。根据中国学者提出的冰冻圈科学学科体系，《丛书》包括《冰冻圈物理学》《冰冻圈化学》《冰冻圈地理学》《冰冻圈气候学》《冰冻圈水文学》《冰冻圈生物学》《冰冻圈微生物学》《冰冻圈环境学》《第四纪冰冻圈》《冰冻圈工程学》《冰冻圈灾害学》《冰冻圈人文学》《冰冻圈遥感学》《行星冰冻圈学》《冰冻圈地缘政治学》分卷，共计 15 册。内容涉及冰冻圈自身的物理、化学过程和分布、类型、形成演化（地理、第四纪），冰冻圈多圈层相互作用（气候、水文、生物、环境），冰冻圈变化适应与可持续发展（工程、灾害、人文和地缘）等冰冻圈相关领域，以及冰冻圈科学重要的方法学——冰冻圈遥感学，而行星冰冻圈学则是更前沿、面向未来的相关知识。《丛书》内容涵盖面之广、涉及知识面之宽、学科领域之新，均无前例可循，从学科建设的角度来看，也是开拓性、创新性的知识领域，一定有不少不足，甚至谬误，我们热切期待读者批评指正，以便修改、补充，不断深化和完善这一新兴学科。

这套《丛书》除具备学术特色，供相关专业人士阅读参考外，还兼顾普及冰冻圈科学知识的目的。冰冻圈在自然界独具特色，引人注目。山地冰川、南极冰盖、巨大的冰山和大片的海冰，吸引着爱好者的眼球。今天，全球变暖已是不争事实，冰冻圈在全球气候变化中的作用日渐突出，大众的参与无疑会促进科学的发展，迫切需要普及冰冻圈科学知识。希望《丛书》能起到“普及冰冻圈科学知识，提高全民科学素质”的作用。

《丛书》和各分册陆续付梓之际，冰冻圈科学学科建设从无到有、从基本概念到学科体系化建设、从初步认识到深刻理解，我作为策划者、领导者和作者，感慨万分！历时十三载，“十年磨一剑”的艰辛历历在目，如今瓜熟蒂落，喜悦之情油然而生。回忆过去共同奋斗的岁月，大家为学术问题热烈讨论、激烈辩论，为提高质量提出要求，严肃气氛中的幽默调侃，紧张工作中的科学精神，取得进展后的欢声笑语，……，这一幕幕工作场景，充分体现了冰冻圈人的团结、智慧和能战斗、勇战斗、会战斗的精神风貌。我作为这支队伍里的一员，倍感自豪和骄傲！在此，对参与《丛书》编写的全体同事表示诚挚感谢，对取得的成果表示热烈祝贺！

在冰冻圈科学学科建设和系列书籍编写的过程中，得到许多科学家的鼓励、支持和指导。已故前辈施雅风院士勉励年轻学者大胆创新，砥砺前进；李吉均院士、程国栋院士鼓励大家大胆设想，小心求证，踏实前行；傅伯杰院士在多种场合给予指导和支持，并对冰冻圈服务提出了前瞻性的建议；陈骏院士和地学部常委们鼓励尽快完善冰冻圈科学理论，用英文发表出去；张人禾院士建议在高校开设课程，普及冰冻圈科学知识，并从大气、海洋、海冰等多圈层相互作用方面提出建议；孙鸿烈院士作为我国老一辈科学家，目睹和见证了中国从冰川、冻土、积雪研究发展到冰冻圈科学的整个历程。中国科学院院长白春礼院士也对冰冻圈科学给予了肯定和支持，等等。在此表示衷心感谢。

《丛书》从《冰冻圈物理学》依次到《冰冻圈地缘政治学》，每册各有两位主编，依次分别是任贾文和盛煜、康世昌和黄杰、刘时银和吴通华、秦大河和罗勇、丁永建和张世强、王根绪和张光涛、陈拓和张威、姚檀栋和王宁练、周尚哲和赵井东、吴青柏和李志军、温家洪和王世金、效存德和王晓明、李新和车涛、胡永云和杨军以及秦大河和杜德斌。我要特别感谢所有参加编写的专家，他们年富力强，都承担着科研、教学或生产任务，负担重、时间紧，不求报酬和好处，圆满完成了研讨和编写任务，体现了高尚的价值取向和科学精神，难能可贵，值得称道！

在《丛书》编写过程中，得到诸多兄弟单位的大力支持，宁夏沙坡头沙漠生态系统国家野外科学观测研究站、复旦大学大气科学研究院、云南大学国际河流与生态安全研

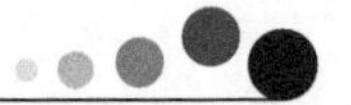

究院、海南大学生态与环境学院、中国科学院东北地理与农业生态研究所、延边大学地理与海洋科学学院、华东师范大学城市与区域科学学院、中山大学大气科学学院等为《丛书》编写提供会议协助。秘书处为《丛书》出版做了大量工作，在此对先后参加秘书处工作的王文华、徐新武、王世金、王生霞、马丽娟、李传金、窦挺峰、俞杰、周蓝月表示衷心的感谢！

秦大河

中国科学院院士

冰冻圈科学国家重点实验室学术委员会主任

2019 年 10 月于北京

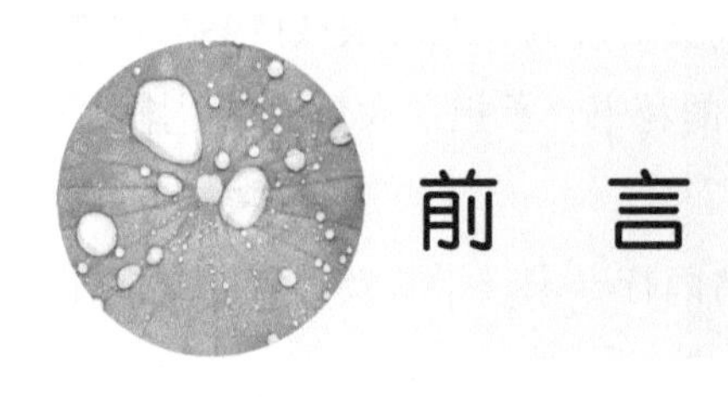

前 言

冰冻圈灾害包括陆地冰冻圈灾害、海洋冰冻圈灾害和大气冰冻圈灾害，种类繁多，发生频繁，分布广泛，造成的损失和影响巨大，是全球常见的自然灾害。冰冻圈灾害频发导致冰冻圈地区社会、经济和环境系统遭受破坏，严重影响当地居民的生命和财产安全，工农业生产，以及畜牧业、旅游、交通运输和基础设施的建设和发展。全球变暖背景下，冰冻圈灾害发生的频率和强度明显增强。冰川（含冰盖）大规模退缩融化，导致海平面加速上升，成为人类社会面临的最重要的风险之一。冰冻圈地区往往又是经济欠发达的少数民族聚居区和贫困人口比例高的边疆高寒地区，抵御自然灾害的能力差，因灾经济损失和影响更为严重，冰冻圈灾害阻碍了这些地区消除贫困与可持续发展目标的实现。降低冰冻圈灾害风险、减轻灾害影响已成为冰冻圈地区社会经济可持续发展的重要组成部分，也成为冰冻圈科学研究的热点与前沿领域。

冰冻圈灾害学作为冰冻圈科学体系中的一个重要分支，是在整个冰冻圈科学体系框架下重新进行学科梳理和组构而成，本书也是目前世界上第一部“冰冻圈灾害学”专著。它的完成并付梓出版，具有重要标志性意义，既标志着中国科学家在“冰冻圈灾害学”学科理论和方法上迈出了实质性的步伐，也标志着整个冰冻圈科学学科体系建设已经走在了国际前列。冰冻圈灾害学既是冰冻圈科学体系中的重要组成部分，也是灾害风险科学的新分支学科，既可与冰冻圈科学系列丛书中的其他分支相互补充、相互借鉴，也可作为独立学科，自成体系。

本书共分 7 章。第 1 章扼要介绍冰冻圈灾害学的产生与发展、研究对象与研究内容，以及冰冻圈灾害学与其他学科之间的关系。第 2 章阐述冰冻圈灾害风险分析的基本方法，遥感和 GIS 技术在冰冻圈灾害风险分析和管理中的应用。第 3 章概述冰冻圈灾害的类型、时空分布、影响和成灾机理，以及气候变化对冰冻圈灾害风险的影响。第 4~6 章分别介绍陆地冰冻圈灾害（第 4 章）、海洋冰冻圈灾害（第 5 章）和大气冰冻圈灾害（第 6 章）的成因、影响和防治。第 7 章概要阐述冰冻圈灾害风险管理。本书是编写组成员通力合

作的成果。第 1 章由温家洪、王世金编写；第 2 章由温家洪编写；第 3 章由王世金编写；第 4 章由上官冬辉、王世金和郭万钦编写；第 5 章由王欣、温家洪编写；第 6 章由马丽娟编写；第 7 章由温家洪编写。最后由温家洪、王世金负责统稿。刘时银教授参与本书的构思、讨论，并帮助组织编写。吕亚敏作为本书编写的秘书，承担了大量汇总、排版、校对工作。

由于编著水平有限，书中不妥之处在所难免，恳请同行专家、学者及读者朋友批评指正。

温家洪

2020 年 4 月

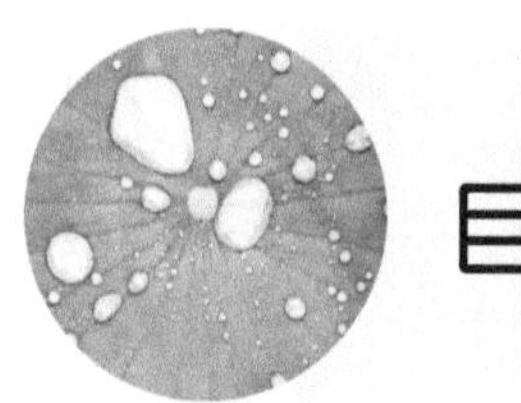

目　录

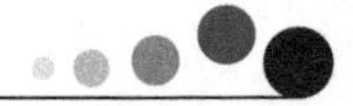

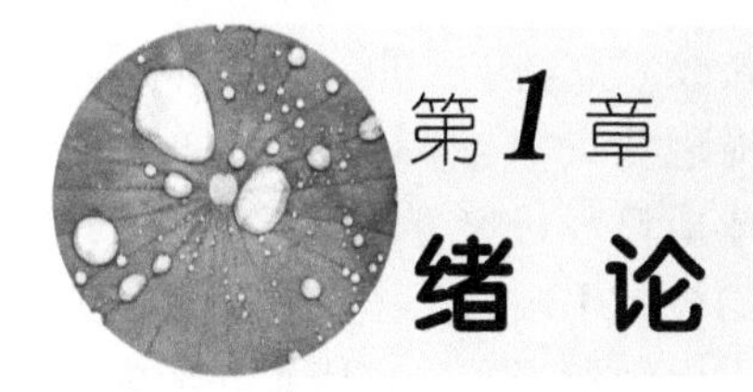

第1章 绪论

冰冻圈灾害学是研究冰冻圈灾害与风险形成、影响及其管理的学科。作为全书的开篇，本章主要包括以下内容：首先，概要说明冰冻圈灾害学的产生与发展；其次，扼要介绍冰冻圈灾害学的研究对象与主要研究内容，其中，重点阐述冰冻圈灾害与风险等贯穿本书的基本概念；最后，阐述冰冻圈灾害学的主要任务，冰冻圈灾害学与其他学科之间的关系。

1.1 冰冻圈灾害学的产生与发展

冰冻圈灾害学是随着冰冻圈科学和现代灾害风险科学的发展，为满足冰冻圈综合防灾减灾与可持续发展理论和实践的迫切需求，而孕育的一门内容广泛而又复杂的交叉学科。

1.1.1 现代灾害学的产生

灾害自古以来就与人类相伴共生。中国古代不仅有著名的大禹治水神话传说，更有李冰父子修建伟大的都江堰水利工程，该项工程既能防洪减灾，又可以引水灌田、兴利除害。19世纪中后期，美国工程兵团承担起治理密西西比河的艰巨任务，掀起一股修筑防洪堤的热潮。然而，地理学家吉尔伯特•怀特认识到堤坝根本无法让人们摆脱洪水的威胁，1942年提出了著名的“堤坝效应”（levee effect）和人类与洪水相适应的思想，开启了美国20世纪60年代开始的洪泛平原管理和洪水保险制度。1953年，欧洲北海地区的一场强烈风暴冲垮大堤，淹没荷兰9%的农田，夺走1800人的生命。作为对这场灾害的回应，荷兰启动一项持续数十年之久的“三角洲工程”，使其免受风暴潮的侵袭。在不断应对灾害，开展大量研究的基础上，逐步形成了减灾备灾、应急救灾、恢复重建的现代灾害管理模式。

1990～2000年联合国倡议的“国际减灾十年”是人类首次组织全球力量，开展的一场声势浩大、影响深远的防灾减灾行动。随后，联合国提出“国际减灾战略”作为21世纪的减灾活动，成为防灾减灾新的里程碑。国际减灾行动让人们清醒地认识到防灾减灾是一项长期、艰苦的任务，并倡导全球防灾减灾的重点应从灾害响应与恢复向风险管

理和降低灾害风险转变，把灾害风险管理作为可持续发展不可或缺的组成部分。2015 年 3 月，联合国在日本仙台举行了第三届世界减灾大会，会议通过的《2015～2030 年仙台减轻灾害风险框架》，明确了 7 项全球性减轻灾害风险的具体目标，通过了四大优先行动领域。这一减灾框架的通过，翻开了全球防灾减灾与可持续发展新的一页。

可持续发展的客观需要和相关学科的推动，使人类对现代灾害与风险的认识在深度和广度上都出现了巨大的飞跃，不仅在灾害风险特征、形成机理、灾害风险与人类关系等诸多方面，远比以往要全面、深刻；而且在防灾减灾的技术手段、工程能力及管理方法等方面都达到空前水平。在广泛深入的防灾减灾实践中已经取得了丰富成果并形成大量著述文献，这充分表明，符合现代灾害与风险管理需要和科学水平的现代灾害科学已经萌发兴起，一个新的交叉学科在孕育发展之中。

1.1.2 冰冻圈灾害学研究的意义

冰冻圈灾害学是冰冻圈灾害风险与应急管理实践的基础。

冰冻圈频发的灾害严重影响冰冻圈承灾区居民的生命和财产安全，以及冰冻圈地区的工农业与畜牧业、交通运输、基础设施、旅游发展，乃至国防安全，使承灾区社会经济系统遭受破坏。

冰冻圈灾害包括陆地冰冻圈灾害、海洋冰冻圈灾害和大气冰冻圈灾害，种类繁多，发生频繁，分布广泛，造成的损失和影响巨大，是全球常见的自然灾害。陆地冰冻圈灾害有与冰川相关的灾害如冰湖溃决、冰川洪水、冰川泥石流、冰崩和冰川跃动等；与积雪有关的灾害如雪灾、融雪洪水、雨雪冰冻、雪崩、风吹雪；与冻土有关的灾害如冻融灾害等；与河冰相关的灾害有冰凌凌汛。海洋冰冻圈灾害有冰山、海冰、海岸冻融侵蚀、海平面上升等，常危及航道航行、海洋工程、港口码头、水产养殖等。大气冰冻圈灾害有暴风雪、雹灾、霜冻等灾害。这些灾害多以冰冻圈的某些过程或事件触发，常造成一个社区或社会系统人员伤亡、资产、经济或依赖环境的损失和影响。

2008 年 1 月 10 日，中国南部和中部 19 个省普降大暴雨和大暴雪持续时间长达 20 多天，低温、雨雪和冰冻的共同交织，造成了中国 50 年以来最严重的雨雪冰冻灾害。低温雨雪冰冻灾害给我国南方地区的生产生活造成了巨大的影响：飞机停飞，道路封闭，成千上万的旅客被困冰雪途中；电杆倒塌，电线压断，许多地方陷入寒冷和黑暗之中；水管冻结，菜市冷落，许多地方的生活供给受到影响；雪堆街面，路面打滑，缺少除雪治冰设备的南方城镇陷入窘境。

其他发生在冰冻圈地区的自然灾害还有地质地震火山、气象气候灾害（如干旱）、水文与生物灾害，也将引发大型次生灾害，对冰冻圈承灾区造成严重后果。冰雪覆盖的火山喷发常产生大量融水，多导致猛烈的洪水和火山泥流（融水和火山碎屑的混合物），造成大规模的生命损失和基础设施破坏。1985 年，哥伦比亚 Nevado del Ruiz 火山喷发融化了大量冰雪，产生的泥流造成下游大约 70km 地区 23000 多人死亡。

当前，全球气候正经历着以变暖为主要特征的显著变化，在受气候变化影响的诸环境系统中，冰冻圈变化极为明显。全球变暖的趋势下，冰冻圈灾害发生的频率和强度有增强趋势。另外，冰冻圈地区往往是经济欠发达的少数民族地区和贫困人口比例高的边疆高寒地区，抵御自然灾害的能力差，因灾经济损失相对较大。冰冻圈灾害分布地域广、损失大，呈频发、群发和并发趋势，其灾害影响已成为冰冻圈地区经济社会可持续发展面临的重要问题。

为满足冰冻圈防灾减灾救灾的迫切需要，并伴随冰冻圈科学和灾害风险科学的发展，冰冻圈灾害学孕育而生、萌发兴起。随着冰冻圈灾害学在理论与实践的进展，不断推动冰冻圈灾害风险科学的理论、技术与方法的发展。冰冻圈灾害学旨在揭示冰冻圈灾害与风险过程和机理，评估灾害风险的潜在损失和影响，研究灾害风险与应急管理措施，为冰冻圈承灾区的灾害风险管理和可持续发展提供科学依据。

1.1.3 冰冻圈灾害学研究回顾

20 世纪 30 年代，莫斯科大学、瑞士联邦雪与雪崩研究所较早开展了雪崩灾害的研究工作。60 年代，中国科学院（以下简称“中科院”）兰州冰川冻土研究所、新疆地理研究所科研人员开展了积雪灾害和冰川灾害的研究工作，特别是在西藏东南部、新疆的天山地区开展了雪崩、风吹雪、冰川泥石流等科学考察。70 年代，中科院青藏高原综合科学考察及其巴托拉冰川、喀喇昆仑山冰川科学考察活动加深了对冰冻圈各类灾害的认识。新疆“0503 雪害”考察防治工作组出版了《山区公路雪害防治研究文集》（1974 年）、王彦龙等著有《雪崩及其防治》（1979 年）。80 年代之后，冰冻圈灾害受到更多的关注和研究。Perla 的 *Avalanche Release，Motion and Impact*（1980 年）、中科院兰州冰川冻土研究所的《喀喇昆仑山巴托拉冰川考察与研究》（1980 年）、联合国教科文组织发布了雪崩地图集 *Avalanche Atlas：Illustrated International Avalanche Classification*（1981 年）、吕儒仁等的《西藏泥石流与环境》（1982 年）、Armstrong 的 *Snow and Avalanche Climates of the Western United States*（1987 年）、张详松的《喀喇昆仑冰川》、胡汝骥和姜逢春的《中国天山雪崩与治理》（1989 年）、Prior 的 *Snow Avalanche Hazards and Mitigation in the United States*（1990 年）、王彦龙著《中国雪崩研究》（1992 年）等大量具有灾害学学科性质的专著相继出版。中国学者基本查清了中国雪崩、冰川泥石流分布特征、成因机制及其活动规律。

进入 21 世纪，伴随着技术、方法的提升和对防灾减灾的关注，冰冻圈灾害学研究也得到了快速发展，研究的深度和广度都有显著的扩展。Pudasaini 的 *Avalanche Dynamics* 和 *Avalanche Dynamics：Dynamics of Rapid Flows of Dense Granular Avalanches*（2006 年）、仇家琪等的《雪崩学》（2006 年）、蔡琳等的《中国江河冰凌》（2008 年）、沈永平等的《冰雪灾害》（2009 年）相继出版。特别是多学科交叉与方法技术的应用，以及灾害风险科学的引入，使冰冻圈灾害得到了较快的发展。例如，河流的冰情与冰凌、积雪与雪灾的防治研究，电网覆冰灾害与防治、冰碛湖溃决灾害风险评估与管理，海冰灾害与防治研究，以及冰冻圈重大工程的灾害防治等都开展了深入的理论研究与实践应用。2009 年，国际山地综合发展中心（ICIMOD）在尼泊尔开展了第二次冰川和冰川湖编目，帮助理解全球变暖背景下冰川演化和冰湖风险识别，并在 Imja Tsho 下游的珠穆朗玛峰地区开展

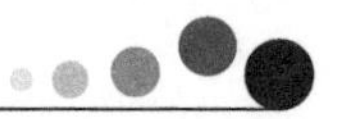

了降低冰湖溃决风险的试点工作。2010 年，秘鲁实施了 Glaciares 项目，该项目旨在加强风险管理以降低 Chchchún 流域与冰川相关的灾害风险，该项目的主要战略和行动包括：①理解风险，为风险决策提供信息和知识；②加强技术和机构能力建设；③建立风险管理的制度。与此同时，胡汝骥等的《中国积雪与雪灾防治》(2013 年)、Shroder 等的 *Snow and Ice-Related Hazards，Risks，and Disasters*（2015 年）、王欣等的《我国喜马拉雅山冰碛湖溃决灾害评价方法与应用研究》(2016 年)、王世金的《冰湖溃决灾害综合风险评估与管控：以中国喜马拉雅山区为例》(2017 年)、罗党的《冰凌灾害风险管理中的灰色预测决策方法》(2018 年）等冰冻圈灾害风险分析与管理相关的专著相继问世。

纵观国内外冰冻圈灾害研究的发展历程，可以看出，早期冰冻圈灾害主要以单灾种的致灾事件、灾害影响和防治研究为主，且多集中于雪崩、冰湖溃决和冰川泥石流灾害。20 世纪 80 年代以来，冰冻圈灾害学研究范畴在扩大，冻土灾害、海冰灾害、冰凌灾害等受到广泛的关注和深入研究。近十年来，伴随灾害与风险科学、冰冻圈学科的发展，以及冰冻圈与可持续发展的迫切需要和相关科学技术的推动，将风险分析与管理的理念引入冰冻圈灾害研究与实践领域，对现代冰冻圈灾害风险的特征、形成机理，灾害对农牧业、重大工程、关键基础设施的影响、风险评估与管理，灾害预警，以及气候变化与冰冻圈灾害等诸多方面，有了较深入的研究和认识，取得了丰硕的成果，表明冰冻圈灾害学科正在孕育发展、萌发兴起。

1.2 冰冻圈灾害学的研究对象与研究内容

1.2.1 研究对象

冰冻圈灾害学是以冰冻圈灾害作为研究对象，揭示冰冻圈灾害与风险形成、发生与演化规律，建立分析评估理论与方法体系，研究其风险成因机理和致灾过程，探求降低冰冻圈灾害风险措施，减轻其损失和影响途径的一门综合性学科。

联合国国际减灾战略（UNISDR）把灾害（disaster）定义为：一个社区或社会的功能被严重扰乱，造成广泛的人员、物资、经济或环境的损失和影响，且超出受影响的社区或社会能够动用自身资源去应对的能力。冰冻圈灾害通常是以下情形的综合：人们生产或生活的地区暴露于冰冻圈致灾事件（hazard），由于社会自身存在一定的脆弱状况，应对或减轻潜在负面后果的能力或措施不足，因此造成严重影响和巨大损失。冰冻圈灾害影响包括人员受伤、死亡，以及对人的身体、精神和社会福利的其他负面影响，也包括财物的损坏、资产的损毁、服务功能的丧失、社会和经济运行的中断，以及人类依赖环境的退化等方面。国内学者常常混淆灾害和致灾事件两个概念。致灾事件是指可能造成人员伤亡、健康影响、财产损失、生计和服务设施丧失、社会和经济混乱或环境退化等影响，具有潜在危险的现象（物质不能成为事件）或人类活动。这些事件通常在给定的时间段、区域范围和强度内，以一定的概率发生。灾害是由致灾事件引发，导致风险（risk）变为现实，且影响人类社会安全，造成不良后果的事件。

风险是指潜在损失，既包含负面后果，即破坏和损失，也包含事件发生概率。冰冻圈灾害风险是指在未来某一时段、范围内，冰冻圈的某些过程或事件导致社区或社会可能发生的生命、健康状况、生计、资产和服务系统等的潜在影响或损失。

冰冻圈灾害学揭示冰冻圈灾害风险的自然和人为属性，分析各类灾害与风险的时空特征及影响，研究其成因机理和致灾过程，并据此确定科学有效的防灾减灾对策，最终达到降低灾害风险，减轻灾害损失，加强灾害有效应对，实现冰冻圈区域可持续发展的目的。冰冻圈灾害科学具有理学、工学与社会科学的三重属性，是防灾减灾救灾实践的基础。

冰冻圈灾害科学的研究对象为冰冻圈灾害风险系统（图 1.1），该系统是由冰冻圈的孕灾环境、致灾因子、承灾体暴露和脆弱性共同组成的地球表层系统。冰冻圈灾害风险是致灾事件（hazard）、暴露（exposure）和脆弱性（vulnerability）三个要素综合的结果。如果把冰冻圈灾害风险的大小看作图 1.1 中三角形的面积，则其大小取决于冰冻圈致灾事件的强度和发生频率（通过称为致灾事件的危险性）、承灾体的暴露程度及其脆弱性高低，以及可能造成的损失和影响的严重性。冰冻圈孕灾环境包括自然与非自然（社会-经济）要素，是风险及其三要素时空动态变化的驱动因子（图 1.1）。多圈层的相互作用及其演化，特别是气候变化、环境退化、人口迁徙、城市化和经济展等是冰冻圈灾害风险动态变化的重要驱动因子。

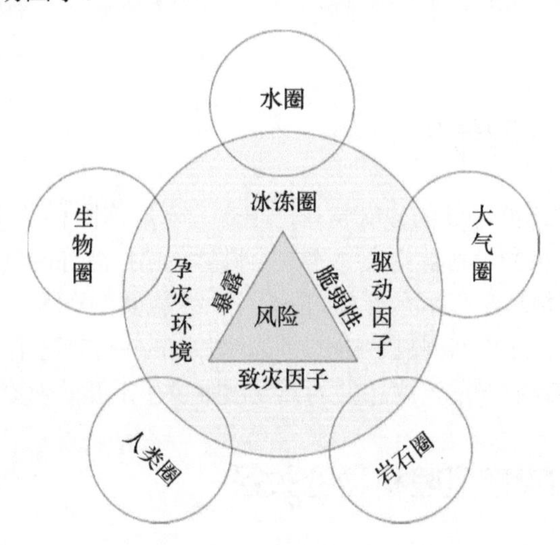

图 1.1 冰冻圈灾害风险系统

1.2.2 研究内容

冰冻圈灾害学是一门既注重基础理论，也强调实际应用的交叉学科，其研究内容随着冰冻圈科学和灾害风险科学的发展不断深化和丰富。

从基础理论看，冰冻圈灾害学主要研究冰冻圈这一独特圈层的灾害风险系统、机理和过程，研究冰冻圈灾害与风险，以及风险要素包括致灾事件（hazard）、暴露度

（exposure）、脆弱性（vulnerability）的特征、类型、分布、变化、损失与影响，以及它们之间的相互作用。同时，还探究冰冻圈灾害风险产生的根源，及其气候与非气候（社会-经济）对冰冻圈灾害形成的驱动机制。

从技术方法来看，冰冻圈灾害学包括灾害与风险的观测、统计、分析、建模，预测、预报与预警，以及灾害风险地图编制与区划、灾害风险信息集成与管理等。目前，致灾事件的危险性、承灾体及其暴露、脆弱性、损失与风险分析等灾害风险分析的技术方法得到广泛应用。遥感与 GIS 作为数据获取、信息管理与挖掘的关键技术手段，在风险分析、灾害损失评估、灾害与风险管理等各个方面均有广泛的应用。

从应用实践看，冰冻圈灾害学强调开展灾害风险与应急管理，冰冻圈气候变化适应研究。具体内容包括：可接受风险水平评价、减灾措施的成本-效益分析，不确定性情景下的冰冻圈灾害风险决策、工程与非工程性措施、土地利用规划，以及冰冻圈气候变化适应、灾害风险治理，冰冻圈承灾区恢复力建设与可持续发展。冰冻圈灾害应急管理包括灾害预警、备灾、应急响应与救灾，以及恢复重建等内容。

1.3 冰冻圈灾害学与其他学科的关系

冰冻圈灾害学与许多相邻学科在研究对象和内容方面有着密不可分、相互补充的关系。

1.3.1 与冰冻圈科学的关系

冰冻圈灾害学是冰冻圈科学的分支学科，也是介于冰冻圈科学和灾害学之间的交叉学科。以冰冻圈为研究对象的学科群构成了冰冻圈科学，包括冰冻圈气候学、冰冻圈水文学、冰冻圈生态学、冰冻圈地理学、冰冻圈人文社会学、冰冻圈工程学、冰冻圈物理、冰冻圈遥感等，冰冻圈灾害学与上述冰冻圈科学的分支学科平行，并有着密不可分的关系。冰冻圈学科的发展推动了冰冻圈灾害学的产生，并为其发展提供了重要的理论与方法支撑。

1.3.2 与灾害学和灾害风险科学的关系

冰冻圈灾害学也属于灾害学的一个分支。灾害学是冰冻圈灾害学形成和发展的前提和基础。第一，作为灾害学一个分支学科，它与研究各类灾害的其他分支学科包括气象气候灾害学、地质灾害学、生物灾害学、水文灾害学、海洋灾害学等有着紧密和互补的关系。第二，灾害地理学、灾害统计学、灾害史学、灾害社会学、灾害经济学等部门灾害学为冰冻圈灾害学的发展提供了理论和方法基础。第三，随着全球防灾减灾的关注重点逐渐从灾害响应与恢复向风险管理和降低灾害风险转变，风险科学理论被引入灾害学，形成了灾害风险科学，因此，当代灾害学实际上已发展成为灾害风险科学。冰冻圈灾害学成为揭示冰冻圈灾害与风险形成、发生与发展规律，探求冰冻圈承灾区防灾减灾途径的一门综合性学科。风险科学为冰冻圈灾害学提供了重要的基础理论和研究方法。

1.3.3 与其他学科的关系

灾害风险涉及的内容极其广泛，涉及自然科学、工程科学、经济学、社会学、管理学、农业科学、历史学、医学等，冰冻圈灾害学的产生与发展需要借鉴这些学科的理论、知识、技术和方法。

思 考 题

1. 冰冻圈灾害学与冰冻圈科学之间的关系如何？
2. 冰冻圈灾害风险系统由哪些要素构成？并简述相关概念及其关系。
3. 冰冻圈灾害学的主要任务和研究内容有哪些？

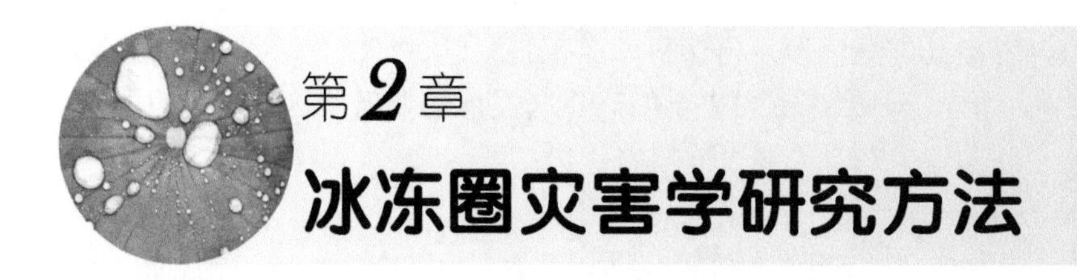

第2章 冰冻圈灾害学研究方法

冰冻圈灾害风险分析方法包括致灾事件、承灾体的暴露和脆弱性分析，以及损失分析和风险表达等。冰冻圈科学和灾害风险科学为揭示冰冻圈灾害与风险的形成、演化、监测和分析提供了重要的理论基础和研究方法。本章重点阐述冰冻圈灾害风险分析的基本方法。同时，GIS 和遥感作为重要的空间信息技术，在冰冻圈灾害与风险分析和管理中有着广泛的应用，故专列一节予以介绍。

2.1 致灾事件与暴露分析

2.1.1 致灾事件强度-频率分析

致灾事件是一种具有潜在破坏性的地球物理事件或现象，通常也称为致灾因子。例如，降雪是冰冻圈一种随处可见的气象事件，但是如果它们的强度超过了一定阈值，就可能演变成灾害性的暴雪，导致暴风雪灾害和牧区雪灾等。需要注意的是，灾害的发生还与承灾体的暴露度，特别是脆弱性密切相关。例如，北京市冬季的一场小雪，就可能造成上下班高峰期交通严重拥堵，导致交通瘫痪。这与北京市城市车辆过多，暴露度大，以及地面交通系统面对积雪的脆弱性高密切相关。

事件频率是指在特定的时间段内事件发生的平均次数，它反映了发生率与时间跨度之间的关系。冰冻圈致灾事件发生的可能性通常以特定区域和时间段内（如年、十年等），以事件给定量级或强度下的发生概率来表示。通过对历史记录数据及频率的分析，能够判断在特定区域内，给定强度致灾事件发生的可能性有多大。在大多数情况下，冰冻圈致灾事件发生的频率与量级之间存在确定的关系（图 2.1）。从图中可以看出，小量级事件发生的概率高，而大量级事件发生的概率低。

通常利用超越概率（exceedance probability）表述冰冻圈致灾事件发生的可能性，即一年内大于或等于给定强度的致灾事件发生的概率，并可以百分率表达。根据历史资料统计，一个致灾事件每 25 年发生一次，则其超越概率为 0.25（或者 25%）。还有一种方法是计算重现期，它根据历史记录数据，推算在未来的多少年，给定强度的致灾事件可能会发生。百年一遇的融雪型洪水可以理解为，未来 100 年可能发生 1 次，或者超越概率为 0.01。

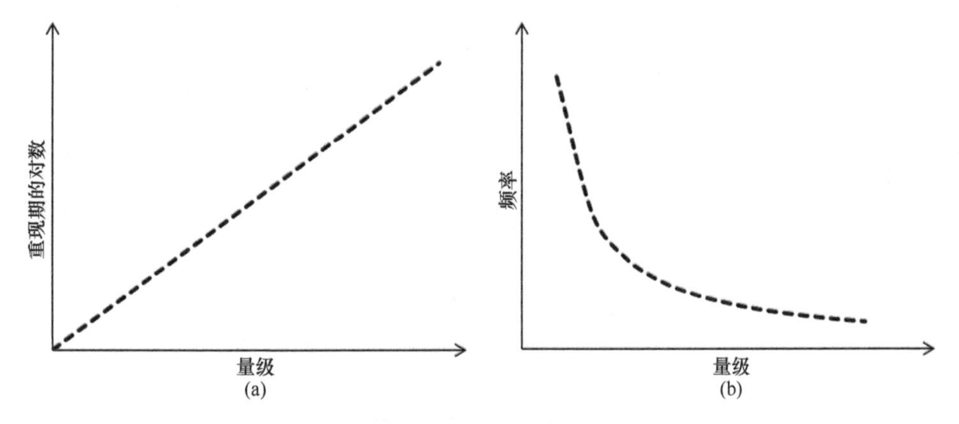

图 2.1　冰冻圈致灾事件的量级-频率关系

如果把冰冻圈致灾事件看作是一系列随机事件 X 的集合，集合中的某个随机事件 x 出现大于等于某一水平 x_T 时定义为极端事件，则该极端事件的重现期 T 为大于等于某一水平的随机事件（$X \geqslant x_T$）在较长时期内重复出现的平均时间间隔，常以多少年一遇表达：

$$T = \frac{n+1}{m} \tag{2.1}$$

式中，n 为事件记录的年数；m 为随机事件的强度排序。

年超越概率（AEP）为重现期的倒数：

$$\text{AEP} = \frac{1}{T} \times 100\% \tag{2.2}$$

计算方法如下。

当表示事件强度的某个随机变量 X 等于或大于特定阈值 x_T 时，定义为极端事件的发生；当再次发生 $X \geqslant x_T$ 时，时间间隔表示为 t。事件 $X \geqslant x_T$ 的重现期 T 是时间间隔 t 的期望值 E（t），可以利用大量发生过的历史事件数据计算它的平均值。

例如，表 2.1 记录了 1965～2008 年一条冰雪融水补给型河流年最大流量数据。给定阈值 x_T=150m^3/s，则年最大流量共有 8 次超过阈值，时间间隔 t 为 1～16 年，如表 2.2 所示。

表 2.1　某条冰雪融水补给型河流年最大流量监测值序列　（单位：m^3/s）

年份	流量	年份	流量	年份	流量	年份	流量	年份	流量
1965	109.0	1975	62.3	1985	14.0	1995	42.5	2005	85.5
1966	506.9	1976	50.7	1986	4.9	1996	27.7	2006	39.9
1967	48.7	1977	138.8	1987	71.6	1997	198.2	2007	154.3
1968	71.9	1978	19.7	1988	165.1	1998	125.4	2008	36.0
1969	14.0	1979	58.3	1989	28.6	1999	43.0		
1970	158.3	1980	37.7	1990	67.1	2000	26.0		
1971	164.2	1981	34.8	1991	158.0	2001	27.6		
1972	158.6	1982	80.4	1992	30.6	2002	165.7		
1973	21.8	1983	32.9	1993	11.6	2003	93.7		
1974	34.8	1984	24.2	1994	16.2	2004	71.4		

表 2.2 大于等于阈值年份及时间间隔

超过阈值年份	1970	1971	1972	1988	1991	1997	2002	2007	平均重现期
重现时间间隔/年	4	1	1	16	3	6	5	5	5.25

对于表 2.1 中记录的数据，41 年间共有 8 次年最大流量超过了 150m^3/s 阈值，所以年最大流量为 150m^3/s 的洪水重现期 T 大约为 T=42/8=5.25 年。重现期 T 可以进一步理解为等于或超过给定强度事件再次发生的平均时间间隔（表 2.2）。

对于任意观测值，致灾事件发生的概率是它的重现期的倒数。上述河流年最大流量数据等于或超过 150m^3/s 的年超越概率约为 AEP=1/T=1/5.25=0.19（19%）。

需要说明的是上述致灾事件强度-频率分析方法简单易行，但许多研究通常采用更为复杂的极值分布理论方法进行分析。

2.1.2 承灾体的暴露分析

当灾害发生时，位于致灾事件影响范围内的承灾体称为暴露，包括可能受到损害的人员、财物、经济活动、公共服务和其他要素（图 2.2）。常以致灾事件影响之下，可能遭受损失的人口、财产、系统，以及其他社会-经济活动等要素的数量或可定义的价值量，即暴露度来表示。

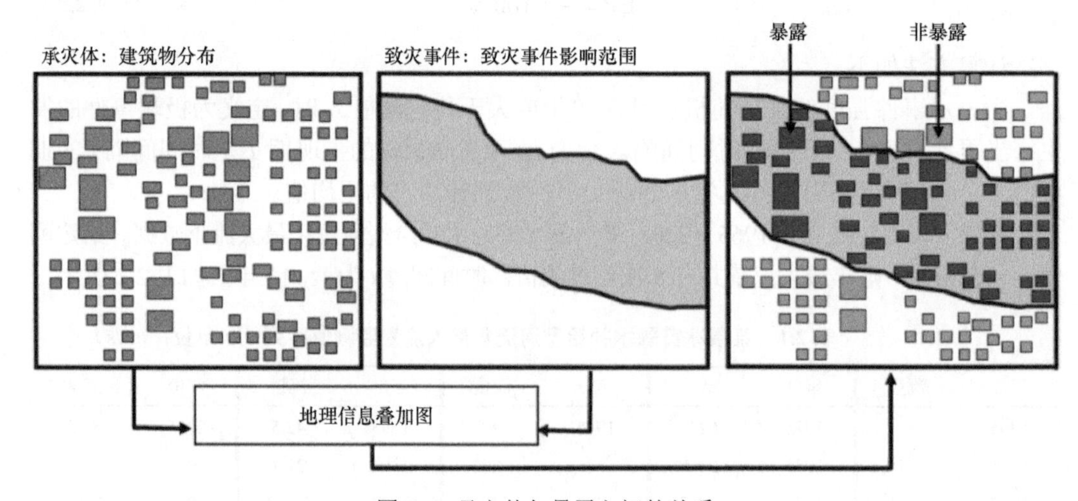

图 2.2 承灾体与暴露之间的关系

暴露要素具有不同的类型，通常可分为物理、社会、经济和环境四类（表 2.3）。根据不同行业可将暴露分为住房、基础生命线、健康、教育、农业、能源、基础设施、商业、工业、金融和电信等。这种按行业的分类可以更好地将职责分配给每个行业的私有或公共负责部门。

暴露是冰冻圈灾害风险分析中的重要环节，暴露制图是暴露分析的主要手段。暴露分析可借助 GIS 平台，通过承灾体和致灾事件分布图的叠置分析，生成暴露分布图来呈现和描述（图 2.2）。冰冻圈的承灾体暴露类型很多，在实际的风险分析中可以根据项目目标和数据基础，筛选出最为重要的要素进行分析。

表 2.3　暴露要素分类

暴露要素	具体要素
物理要素	基础设施：道路、铁路、桥梁、港口、机场； 关键设施：应急避难场所、学校、医院、养老院、火警、警察； 公共事业：供水系统、供电系统； 公共服务：交通运输、通信； 历史建筑和古文物
社会要素	脆弱的年龄组、低收入群体、没有土地/无家可归者、残障人员、性别、单亲家庭
经济要素	商业贸易活动、就业、农业用地、劳动力、机会成本
环境要素	环境资源：空气、水、动物、植物、生物多样性、景观

1. 暴露分析的尺度与基础单元

根据冰冻圈灾害风险分析的需求，用于暴露分析的数据可以细化到各种不同的尺度。不同的尺度（以比例尺划分，比例尺越大对应的分析尺度越小）对应的暴露清单的详细程度不同。例如，大尺度分析时，建筑通常是以一个区域的建筑群作为暴露分析对象；而细节尺度分析时，建筑则需要详细的参数，如详细的用途与功用、高度、类型、结构、质量、年限、地基等。

冰冻圈承灾体暴露分析应基于某一级别的基础空间单元，可以是行政单元，如国家、省、市、区等，也可以是单个建筑。一般来说，土地利用是冰冻圈承灾体制图最重要的方式之一。

2. 基于土地利用的冰冻圈承灾体

对大中尺度的冰冻圈承灾体及其暴露分析，通常基于土地利用的承灾体制图来实现。

土地利用是人类以经济和社会的目的，通过各种使用活动对土地长期或周期性的经营过程。土地利用既受自然条件，又受社会、经济和技术条件的影响，因此，土地利用是由上述因素共同作用所决定的土地功能。土地利用分类是区分土地利用空间地域组成单元的过程。这种空间地域单元是土地利用的地域组合单位，表现人类对土地利用、改造的方式和成果，反映土地的利用形式和用途（功能），也称土地利用现状分类、土地用途分类、土地功能分类等。

2017 年的《土地利用现状分类》国家标准将我国的土地利用主要分为耕地、园地、林地、草地、商服用地、工矿仓储用地、住宅用地、公共管理与公共服务用地、特殊用地、交通运输用地、水域及水利设施用地和其他用地共十二大类。城市常用的土地利用分类包括城镇住宅用地、商服用地、公共管理与公共服务用地、工业用地、交通运输用地、水域、空闲地等。根据分析目的与需要，冰冻圈承灾体及其暴露分析关注的土地利用类型会有所侧重，并与土地利用现状分类标准有所不同，下面举例介绍几种常见的基于土地利用的冰冻圈承灾体。

1）农用地

农用地的类型繁多，天然牧草地、人工牧草地、水浇地、旱地、果园和林地是冰冻圈的重要承灾体。中国牧区草地面积为3.13亿hm^2，主要分布在内蒙古、新疆、西藏、青海和甘肃等地。牧区雪灾亦称白灾，是制约我国畜牧业持续发展的重要致灾事件。根据冰冻圈致灾事件的强度和影响范围，结合农用地的作物与畜牧业状况，可分析农用地的承灾体类型和暴露度。

2）居住区

分布在冰冻圈的居住区，其住宅建筑大体可以分为五种，包括棚户区、中低层住宅区、高层住宅建筑，以及乡村住宅区和郊区独栋住宅，绝大多数能直接从分辨较高的卫星影像上加以识别。

居住区类别往往与建筑类型有关，不同类型的建筑物往往具有不同结构和质量，也就具有不同的脆弱性。居住区类别决定了某个时间在该类别土地上的人口数量，这是人口损失估计所必需的。以多层公寓建筑为例，人口密度往往高于同样条件的单层建筑。

3）交通运输用地与设施

该类用地包括铁路用地、公路用地、交通服务场站用地、机场用地港口码头用地等，是经常受冰冻圈灾害破坏和影响的承灾体类型。例如，冻土区筑路遇到的主要问题是冻胀和融沉。青藏高原的多年冻土大多属高温冻土，极易受工程的影响产生融化下沉，并给工程造成较大冻融变形破坏。青藏铁路格尔木至拉萨段，全长1142km，其中途经多年冻土区长度为632km，大片连续多年冻土区长度约550km，岛状不连续多年冻土区长度82km。青藏公路穿越750km的多年冻土地带，其中连续、大片分布的多年冻土区占70.4%，岛状多年冻土区占12.7%，残余多年冻土零星分布区占16.9%。此外，冰冻圈常见灾害，如冰川洪水、冰川泥石流、风吹雪、暴风雪和雨雪冰冻灾害等都会对交通运输造成严重危害。例如，2008年年初，低温、雨雪和冰冻的共同交织，给我国南方地区的交通运输造成了巨大的影响，成千上万的旅客被困在冰雪之中。

4）关键公共服务设施

关键公共服务设施是提供社会服务的公共基础设施，主要包括医院、公安局、消防队和学校等。当发生冰冻圈灾害事件时，这些基础设施在应急救灾、维护灾区社会稳定和恢复正常社会生活秩序等方面具有重要的功能和作用。

关键设施可再细分为应急响应关键设施（消防队、公安局、军营和民防建筑）和医疗保健关键设施。当灾难发生后，现有医院可以在最初三天及时为灾中受伤人群提供医疗救治。这决定了较轻的伤害是否可获得及时救治，否则情况可能会恶化，甚至爆发致命的流行病。因此，医院在灾害如暴风雪发生时，应急电源等的准备情况是非常重要的。

学校、写字楼、文化建筑、场馆是必不可少的应急避难场所。冰冻圈重大灾害发生后，公共建筑可以作为避难所。另外，由于这些建筑物存在脆弱性人口，故其在灾害发生时的状况也很重要。

5）高潜在损失的设施

高潜在损失的设施是指诸如冰湖溃决洪水等致灾事件对其造成重大损失的设施。这种高潜在损失的设施包括：核电站、大坝、水电站、军事设施等对社会公众安全威胁性较大的大型建筑物。例如，喜马拉雅山脉丰富的水力资源吸引了大量水力发电项目，以满足亚洲快速上升的能源需求。然而，在冰川补给的陡峭山区河流中建造水电项目面临着冰湖溃决洪水的风险。据研究，大约有 177 个水电站位于潜在的溃决洪水路径上。冰湖溃决洪水可能破坏水电基础设施，并危及下游地区。1958 年，尼泊尔境内一座冰湖发生溃坝，导致其下游的迪格错（Dig Tsho）水电站在其完工庆典前两周遭到毁坏。同样，如果一个核电站或危化品工厂遭到破坏，由有毒有害物质排放或放射性物质泄漏带来的次生灾害损失会很大。

3. 人口承灾体与暴露

人口是冰冻圈的重要承灾体，其时空分布具有静态和动态的特点。静态人口分布为每个制图单元的居民数量及其特征，如居民数量、人口密度和年龄组成，而动态人口分布则突出了人口在空间和时间上的移动和变化，反映了人群的活动模式和特征。

1）静态人口数量估算

静态人口数量通常利用人口普查数据来进行统计和预测。人口普查数据中包含年龄、性别、收入、教育等相关属性信息，这些特征在风险分析中极有价值。在没有普查数据的情况下，静态人口信息一般来自建筑物内人口数量的估算，通过土地利用类型、占地面积来确定一个特定的建筑内的人口数量。通常，在特定的土地利用类型下，建筑物的人口数量可通过经验方法估计，如住宅区的建筑物人口一般可用家庭数即户数和单个家庭平均人口数计算得到。但是学校、医院等则无法使用这种方法，可以通过不同的土地利用类型下，建筑物内单位面积人口数乘以建筑物总面积得到该建筑物中的人口数量。获得单位面积人口数是比较困难的，获取这类信息需通过实地调查的参与式绘图方式，对于不同土地利用类型，采取分层抽样的方法对信息进行收集。

2）人口的时空动态分布

时间变化和空间差异是人口承灾体的重要属性。冰冻圈灾害发生具有时间性，如冰川洪水、雪灾、海冰和暴风雪灾害的发生都有季节性，这就需要考虑人口分布的时间性问题。2008 年，我国南方的冰雪灾害，正逢春节返乡的人流高峰，显著放大了这场巨灾的灾情。通过低温雨雪冰冻这一复合极端气象事件，造成断电、缺水、堵道、机场关闭的生产事故，引发车站拥堵、乘客积压等社会治安事件。由冰雪灾害造成的大面积电网设施破坏，酿成前所未有的大范围断电事故，从而导致灾区生命线、交通与生产线系统不能正常运转，形成历史上罕见的由“断电缺水”和“堵塞道路”造成数以亿计的群众受灾事件发生。

各类冰冻圈灾害，如雪崩、冰湖溃决、农牧区雪灾等影响强度、范围、频率差别很大，但都会对承灾区域内的人构成生命威胁，开展风险识别、评估和灾害预警、应急响应，需要掌握风险人群的实时或准实时的空间动态分布。

人口密度网格化数据是人口时空分布最直观的表现形式之一。人口的时空分布模拟方法主要有两类，一类是基于人口空间分布模型或采用某种算法，利用人口统计数据、行政界线，以及对人口分布具有指示作用的建模要素等，对人口统计数据进行离散化处理，发掘并展现其中隐含的空间信息，获得人口分布格网表面，即人口数据格网化方法。

另一类是在大数据驱动下，基于手机通话数据、公交卡刷卡记录、社交网站签到数据、出租车轨迹、银行刷卡记录等进行的人类移动时空动态模拟方法。

参与式人口地图制图对于缺乏人口普查数据的地区，尤其是人口动态分布特征的获取是非常有用的工具。通过走访当地居民可以了解其家庭活动模式，从而建立起特定建筑物中的人口动态分布数据集。

2.2 脆弱性分析

冰冻圈承灾体脆弱性是指冰冻圈社区或资产的特性和状况，使其易于受到冰冻圈致灾事件损害。资产（如建筑）的脆弱性主要体现为物理脆弱性，可用脆弱性曲线来表达。社区脆弱性反映了冰冻圈社区遭受某种致灾事件时的敏感性、应对和恢复能力，常采用指标体系法进行评价，因为影响社区脆弱性的社会、经济、文化、环境等因素往往难以定量化。

2.2.1 物理脆弱性与脆弱性曲线构建

物理脆弱性是指建筑环境和人口的潜在物理破坏程度。物理脆弱性相对“容易”量化，因为这直接依赖于致灾事件的物理冲击强度和承灾体的特征。脆弱性曲线，又叫脆弱性函数（vulnerability function）、灾损（率）函数（loss function）或灾损（率）曲线，用以衡量各灾种的不同强度与各类承灾体损失（率）之间的关系。以表 2.4 或曲线形式（图 2.3）表现出来。

表 2.4 美国联邦保险机构的脆弱性曲线

建筑类型 水深/ft	损失率/%						
	无地下室的 1 层房屋	无地下室的 2 层房屋	无地下室的错层房屋	有地下室的 1 或 2 层房屋	有地下室的错层房屋	移动房屋	其他
–2	0	0	0	4	3	0	0
–1	0	0	0	8	5	0	0
0	9	5	3	11	6	8	0
1	14	9	9	15	16	44	0
2	22	13	13	20	19	63	0
3	27	18	25	23	22	73	0
4	29	20	27	28	27	78	0
5	30	22	28	33	32	80	0
6	40	24	33	38	35	81	0
7	43	26	34	44	36	82	0
8	44	29	41	49	44	82	0
>8	45	33	43	51	48	82	0

注：1ft=0.3048m。

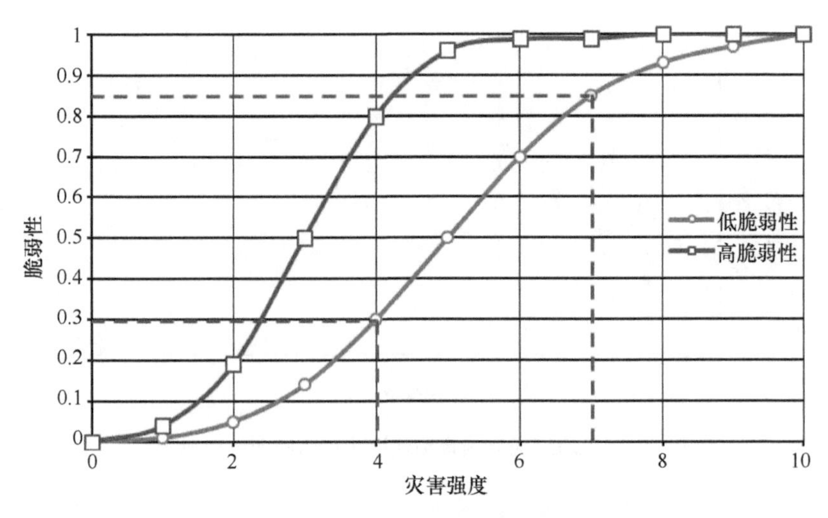

图 2.3　承灾体脆弱性曲线

脆弱性曲线的表达又可分成两大类，即相对曲线和绝对曲线。相对曲线是强度-损失率曲线，反映在各致灾事件强度下价值的损失率。绝对曲线是强度-损失（或单位面积损失）曲线，反映在各致灾事件强度下受损价值的绝对总量。

测量物理脆弱性的方法主要有基于野外现场调查、专家打分和问卷的方法，以及基于模型模拟的方法（表 2.5）。

表 2.5　用于测量物理脆弱性的方法概述

类别	方法	描述
经验法	野外现场调查	收集、分析近期或历史上灾害事件的统计资料，建立损失（率）与不同致灾事件强度间的关系
	专家打分	询问专家关于脆弱性的观点，如不同致灾事件强度下，不同结构类型的损害程度，为达到较好的脆弱性评估效果，需询问大量专家意见，这虽然耗时，但总体较为客观
	问卷	采用多种参数的调查问卷，以评估不同致灾事件强度下的潜在损害
模型模拟	简单模型模拟	研究基于工程设计标准的建筑和结构的行为，如风暴荷载分析和推导失效的可能性，基于岩土工程学的计算机模拟方法
	详细模型模拟	需要大量详细数据，耗时，用于个体结构评估

通过收集、分析近期或历史上灾害事件的统计资料，采用曲线拟合等数学方法建立承灾体的损失（率）与不同致灾事件强度间的关系，是目前脆弱性曲线构建最为常用的方法。灾情数据来自历史文献、灾害数据库、实地调查或保险数据等。对于相对频繁、广泛发生的灾害事件，灾后可以现场收集建筑物或构筑物的物理损害程度信息。例如，冰川洪水发生后，通过采集同一建筑类型大量损失和洪水淹没深度样本数据，可以建立冰川洪水强度（水深、流速、淹没时间）与破坏（损失）之间的关系，推导出脆弱性曲线（图 2.4）。

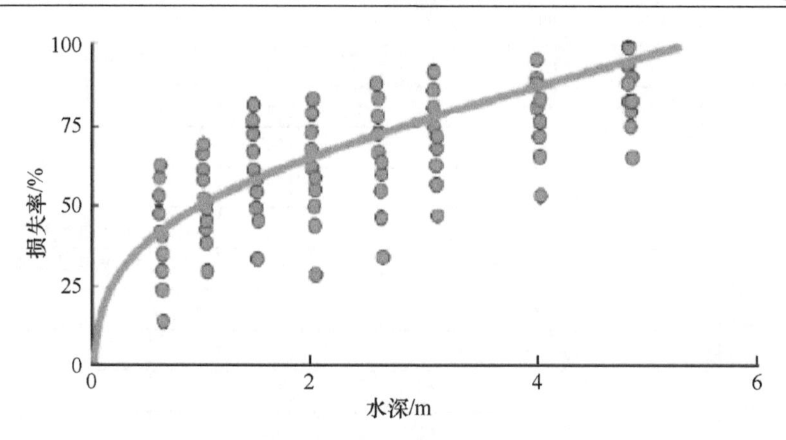

图 2.4 通过损失调查构建冰川洪水脆弱性曲线

2.2.2 指标体系法

指标体系是目前冰冻圈灾害脆弱性分析的常用方法。该方法选取代表性指标组成指标体系，综合衡量冰冻圈社区或社会面临灾害的脆弱性。严格来讲，该方法衡量的是脆弱性状态，即灾害发生时，承灾体易于受到伤害和导致损失的程度。以指标体系衡量脆弱性，实质上，就是选择可以评估冰冻圈承灾体的敏感性、应对能力和恢复力的指标，并采用一定方法集成，综合反映承灾体的脆弱性。

冰冻圈承灾区往往是地处偏远的高寒地区和经济欠发达的少数民族地区，贫困人口比例高，抵御自然灾害的能力差。如何确定冰冻圈社区的脆弱性因子，识别脆弱人群和导致脆弱性的因素，利用分析结果为防灾减灾服务，提升当地社区的恢复力，是体现脆弱性研究的价值所在。下面介绍两个脆弱性评价的案例。

第一个案例，Hegglin 和 Huggel（2008）评估了秘鲁科迪勒拉布兰卡（Cordillera Blanca）的里约圣塔谷地冰湖溃决承灾体脆弱性。过去几十年该地区一再受到冰湖溃决洪水灾害的严重影响。冰川持续快速退缩使大量冰川湖形成和快速扩张，导致下游社区面临严重的冰湖溃决风险。他们综合了物理脆弱性（与致灾事件相关）和社会脆弱性因素，提出了评估该地区脆弱性的方法。物理脆弱性（包含致灾事件和暴露）为可能导致冰川湖溃决，以及溃决洪水的影响范围的因素，而社会脆弱性（即应对）由于受影响社区处理洪水事件能力相关的因素决定。冰湖溃决既有洪水也有泥石流，统称为冰湖溃决灾害。

衡量物理脆弱性的指标包括冰湖溃决的可能性、溃决洪水的量级、洪水路径和当地人口密度分布。为了确定社区响应和从灾害事件中恢复的能力，将社会脆弱性分为 3 个因素：备灾、预防和响应（图 2.5）。

通过物理和社会脆弱性指标的综合评价，生成了该地区脆弱性分布地图，识别出该地区数个高脆弱性的地方，为该地区有效地开展冰湖溃决风险管理提供了依据。

需要指出的是，该项研究开创性地把脆弱性评价引入冰冻圈灾害风险科学研究中，有着十分重要的意义。但是，风险科学最新的进展认为，脆弱性、暴露和致灾事件是风险的三个要素，而该研究把三者综合在一起，更像是一个定性风险分析的案例。

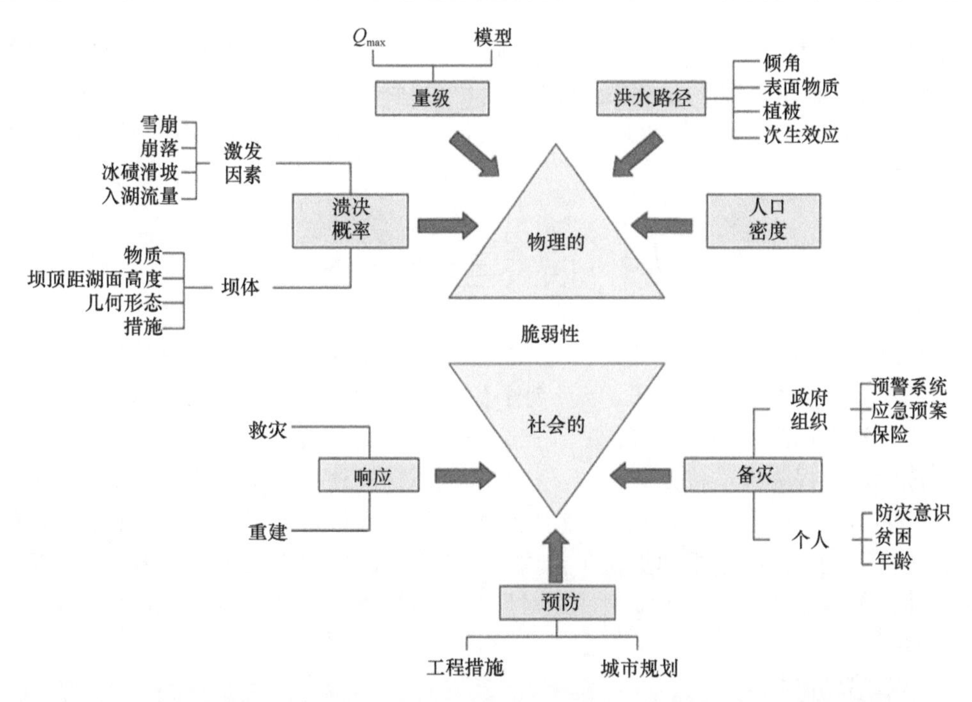

图 2.5　脆弱性的概念框架及其有关影响因素和指标（Hegglin and Huggel，2008）

第二个案例，Fernández-Giménez 等（2015）深入研究了蒙古国牧区雪灾（Dzud）的脆弱性，旨在提供相关信息，提出改进应对措施和加强社区恢复力的策略，以帮助牧区应对未来的 Dzud 灾难。

Dzud 是蒙古语中严重的冬季天气灾害，积雪深厚、严寒及其他因素，使得牲畜无法获得牧草或无法抵达其他牧区，从而导致较高的牲畜死亡率。例如，在 2009～2010 年的 Dzud 灾害中，蒙古国约有 850 万头牲畜死亡，约占全国牲畜数量的 20%，影响了 769000 人，占蒙古国总人口的 28%。根据国际红十字会的统计，220000 个放牧家庭受到影响，其中 44000 个家庭失去了全部牲畜，164000 个家庭失去了超过一半的牲畜。

他们利用小组讨论、关键知情人访谈、家庭调查，以及数码视频和音频来记录个人和社区应对 Dzud 的经验，识别哪些因素使家庭和社区更容易受到伤害，哪些因素对其影响较小。结果发现 Dzud 是一种复杂的社会生态现象，对 Dzud 的脆弱性是物理、生物、社会经济和制度因素相互作用的结果。脆弱性受到社区内部因素、社区之间相互作用，以及跨层级的动态影响。家庭对 Dzud 的敏感性受以下因素影响：①入冬时动物状况（体重增加和脂肪储存），这与前一个夏季和秋季牧场的条件和牧群管理相关；②草料和干草储备的供应和使用，特别是在春季，以及充足的庇护场所；③家庭的牧群规模。在社区一级，敏感性受到每个牧场的自然条件和制度因素的影响，如地方政府的有效性，以及是否存在集体行动的正规组织等。另外，研究发现救济和援助在短期内可帮助减少人员伤亡、牧民的痛苦和贫困，但可能导致长期依赖综合征和社会贫富差异更加显著，牧民和地方政府会更加缺乏主动性。

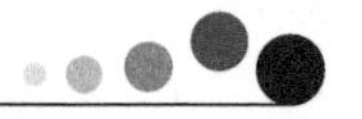

根据调查结果，他们提出促进防范 Dzud 的政策和计划建议包括：①加强个人对备灾的责任；②加强社区内部和跨政府层面不同角色对灾害规划和响应的合作与沟通；③通过正规牧民组织持续并扩大对当地应灾能力建设的投资；④建立有效的跨层级机构来管理牧场和放牧的流动性。

2.3 损失与影响分析

冰冻圈灾害损失包括冰冻圈灾害对当地社区造成的人员伤亡和社会财产损失，对社会生产和居民生活所造成的破坏，以及为修复被破坏的灾区所进行的人力、物力的投入。冰冻圈灾害损失通常可分为经济损失、社会损失和环境影响。

冰冻圈灾害损失评估包括灾害前、灾中和灾后分析评估。灾前的潜在损失分析属于风险分析的范畴，灾中的灾害破坏、损失和影响快速评估是为了应急救灾的需要，而灾后的损失评估为灾后恢复重建提供了依据。灾害损失可以用损失大小和损失程度两个指标来描述。前者反映的是灾害损失的绝对量，而后者反映的是灾害损失的相对量。

2.3.1 经济损失

经济损失是指灾害对经济活动造成的破坏与损失程度，一般用货币形式表示。经济损失通常分为三类，即直接损失、间接损失和宏观经济影响。根据是否可以用货币价值进行评估，直接损失和间接损失可进一步分为有形和无形损失。

1. 直接损失

直接损失是由于冰冻圈灾害与人、财产或任何其他物体的物理接触而发生的损害。有形的直接损失为冰冻圈致灾事件对物质资产存量造成的损失，主要表现为资产的损失，包括建筑、机器设备、各种交通工具、成品或半成品和准备收获的农作物等，如冰川洪水造成房屋和室内财产的损失、牲畜死亡或道路的破坏等。直接损失往往是在冰冻圈致灾事件发生过程中而产生的。有形直接损失评估方法包括重置成本法、现行市价法和收益现值法等。无形的直接损失包括：人身伤亡、心理困扰、文化遗产受损，以及对生态系统的负面影响等。

2. 间接损失

间接损失是直接影响引发的后果。它们跨越的时间比灾害事件更长，影响更大的空间尺度或不同的经济部门。间接损失来源于灾害对生产能力的直接破坏或者基础设施的损毁，影响企业的正常生产，从而造成产量下降或停产。此外，还包括由于公共设施供给成本或费用的提高而导致的成本上升。例如，由于雨雪冰冻灾害引起的未来收成的损失，工厂损毁、原材料不足造成的产量下降，运输路线、运输方式改变导致的成本提高。间接损失是在冰冻圈灾害发生以后的一段时间内所产生的。较常用的间接损失模型有投入-产出（input-output，I-O）模型、可计算的一般均衡模型和计算经济学模型。

3. 宏观经济影响

冰冻圈灾害对宏观经济的影响，主要指对一个国家或地区的价格水平、财政、失业率、国际收支和国内生产总值等经济变量的影响。它反映了直接经济损失和间接经济损失的宏观效应，可以根据预测如果不发生灾害的情况下宏观经济变量的数值，判断灾害在多大程度上影响了应该达到的宏观经济目标，这些宏观经济变量的变化又在多大程度上影响了灾后的恢复重建等。灾害对宏观经济的影响经常是以一个国家为单位，在更小的区域范围内也可以进行类似的分析。

2.3.2　社会影响

冰冻圈灾害发生后，对灾区社会系统结构和功能的破坏、恢复、重建和可持续发展等的影响，包括灾区社会组织系统运行状况、家庭及社会支持系统损失、灾后农户生计系统、灾后社会公共服务系统运行状况、社会发展造成的影响，以及灾后生理心理伤害等方面。冰冻圈灾害不仅会造成大量人员伤亡、许多人无家可归，在灾害期间个人健康也会受到直接影响。在灾害发生过程中，老人、妇女和儿童等脆弱性人群对灾害的反应更为明显，身体的健康状况会出现普遍下降甚至导致死亡；大灾之后往往形成传染病流行的条件，对人类生存构成极大的威胁。灾害还会给人们带来严重的心理伤害，影响人的行为和精神健康。由于冰冻圈灾害破坏了人们的生存条件和环境，人们的生活方式和行为方式也会发生巨大变化，尤其是痛失亲人和家园被毁，人们的心理往往会出现消极、悲观和扭曲现象。灾害对心理的负面影响包括灾害所带来的苦难、失去亲人的悲伤、不安全感和对政府应对灾害不力的愤怒情绪等。

我国冰冻圈地区主要分布于西部、北部欠发达和少数民族聚居地区，冰冻圈灾害影响已成为冰冻圈地区经济社会可持续发展面临的重要问题。因此，需要特别关注冰冻圈灾害的社会影响，尤其是灾害致贫，以及防灾减灾救灾与消除贫困等问题。

2.3.3　环境影响

一场大的自然灾害往往会对人类所依赖的生态环境和资源造成巨大破坏。冰冻圈区域生态环境往往非常脆弱，受到破坏后环境恢复比较困难。冰冻圈灾害对区域环境和资源所造成的破坏，有些可以恢复，有的则难以在短期内恢复。水资源属于可再生资源，但受灾被污染后，恢复过程非常缓慢；土地资源虽属可再生资源，但一旦受灾，将导致森林被毁、土壤破坏、草地退化等一系列环境问题。冰冻圈灾害不仅破坏现今社会经济发展，而且危及子孙后代的生存发展。

2.4　风险分析

冰冻圈灾害风险分析是通过一定的技术手段和信息基础，对由冰冻圈致灾事件导致

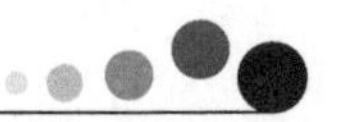

的个人或群体、财产或者环境的险进行分析。由于冰冻圈灾害风险分析过程的信息和数据不同，其风险分析技术体系可分为三大类：定性、半定量和定量风险分析。一般而言，大尺度区域的风险分析，由于定量数据难以获取，常采用定性和半定量风险分析方法；小尺度的风险分析，特别是小范围物理要素的风险分析，由于脆弱性曲线相对容易获取，常采用定量风险分析方法。

2.4.1 定性风险分析

定性风险分析方法是以专家经验为基础，并将研究区域的风险划分为相对高低水平，如高、较高、中、较低和低等风险等级。实际分析中，通常分为 3 级或 5 级，并且需要以风险的实际意义为分类标准，如高风险区域可以考虑实施工程性或非工程性风险控制措施，并且不能规划和建设更多基础设施。定性风险分析通常综合考虑了灾害发生的可能性和损失进行风险等级划分（表 2.6）。该方法适用于基于 GIS 的空间分析，一般适用于大尺度，因为在这些尺度上风险要素的定量信息往往不足，或者只有一些描述指标。这种方法可以快速评估冰冻圈地区的灾害风险等级，并且需要的时间较短、资金投入较少。

表 2.6 定性风险分析矩阵

可能性	后果				
	巨大损失	大损失	中等损失	小损失	微小损失
几乎确定	VH	VH	H	H	M
非常可能	VH	H	H	M	L-M
可能	H	H	M	L-M	VL-L
不太可能	M-H	M	L-M	VL-L	VL
不可能	M-H	L-M	VL-L	VL	VL
确定不可能	VL	VL	VL	VL	VL

注：VH 为极高；H 为高；M 为中；L 为低；VL 为极低风险。

表 2.6 还可以用一个二维矩阵分别表达灾害发生的可能性等级和潜在损失等级，进而综合给出灾害风险的相对等级（图 2.6）。对于致灾事件发生的可能性，可以将其划分为高、较高、中、较低和低 5 个等级。并且这些等级可以对应一定的标准，如重现期，极高概率对应重现期小于 5 年的灾害，高概率对应重现期 5～10 年的灾害，中等概率对应重现期 10～100 年的灾害，低概率对应重现期 100～500 年的灾害，以及极低概率对应重现期 500 年以上的灾害（表 2.7）。对于潜在损失，可以分门别类地进行评价，如人员受伤和死亡人数等级、基础设施受损程度等级、财产损失等级、商业中断等级，以及环境和经济系统受损的综合等级。

2.4.2 半定量风险分析

半定量方法与定性方法的主要区别在于其采用加权方式得到相对数值作为结果而

非定性等级。半定量风险评估适用于以下情景：①作为初步筛选过程识别危害和风险；②当定性评价的风险水平不能满足需要；③获得的定量数据比较有限。半定量方法认为许多因素对风险有影响，每个因素的得分用来评估其对灾害风险的加剧或降低程度，包括致灾事件危险性和损失或损害（结果）的加剧或降低程度。一系列致灾事件和损失变量用于分级和加权求和，于是得到以相对指标得分表达的风险值。最终的风险值可以按照风险的性质与意义进行分类和排序，这一点常常与定性风险分析相类似。一般情况下，分别对生命损失和经济损失进行半定量风险分析。

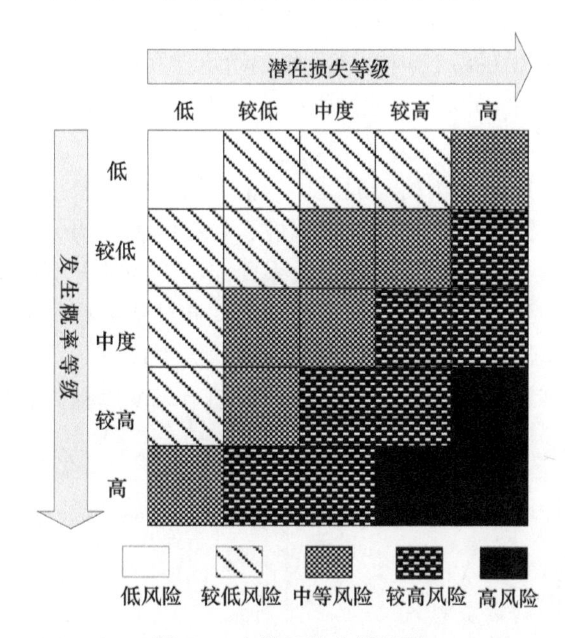

图 2.6　定性风险分析矩阵

表 2.7　致灾事件的定性评估

得分	描述	年平均概率	致灾事件等级
>100	事件可预计，可能由 5 年内的预期状况引发	>0.2（<5 年一遇）	极高（VH）
80～100	事件可能在 5～50 年发生	0.2～0.02（5～50 年一遇）	高（H）
60～80	事件可能在 50～500 年发生	0.02～0.002（50～500 年一遇）	中（M）
40～60	事件可能在 500～5000 年发生	0.002～0.0002(500～5000 年一遇）	低（L）
<40	事件可能由超过 5000 年重现期的例外情况引发	<0.0002（>5000 年一遇）	极低（VL）

半定量方法可以适用于区域尺度的冰冻圈地区，但一套评价体系在应用于不同空间尺度时一般需要进行适当的调整。在大尺度，半定量分析方法常常因为没有足够数据而难以应用，在小尺度常常数据量足够进行定量风险分析。相比较而言，半定量方法的最大优势在于中尺度的风险分析。目前，这种半定量风险分析方法可以在 GIS 中有效地使用空间多标准评估技术（SMCE），充分使用 GIS 技术在数据标准化、权重赋值和数据集成中的优势。冰冻圈灾害风险指标体系方法可基于空间多标准评估进行。

2.4.3 定量风险分析

定量风险分析是基于冰冻圈致灾事件的强度和发生概率，承灾体暴露的数量、分布，以及脆弱性等信息，对冰冻圈某地一定时间段内可能遭受的灾害损失风险进行的定量分析和表达的技术体系。具体应用中，一般会借助风险（*R*）=致灾事件（*H*）×暴露度（*E*）×脆弱性（*V*）（图 2.7），分别对一定强度场景下冰冻圈致灾事件概率（时间概率和空间概率）、承灾体的暴露度和承灾体脆弱性进行分析，并最终将致灾事件的发生概率与其对承灾体造成的可能结果（暴露度与脆弱性的综合）相结合，给出给定强度场景下的损失及其可能性。然后，将不同冰冻圈灾害场景下的损失与对应发生概率绘制于一张图表中，形成风险曲线。通过对风险曲线进行积分，求得年期望损失（AAL）。

图 2.7 归纳了灾害风险分析的一般过程。根据这一概念模型，对冰冻圈灾害风险分析从四个方面进行，分别是致灾事件、脆弱性、暴露度和灾损分析。致灾事件分析的目的是建立冰冻圈致灾事件强度和发生概率关系曲线，脆弱性分析的最终目的是得出冰冻圈承载体的破坏程度与致灾事件强度的关系曲线。通过致灾事件的强度概率曲线、脆弱性曲线和暴露度，得出冰冻圈某个区域的承灾体的灾害损失。承灾体可以是冰冻圈承灾区的人口、建筑、财产等。在以上综合分析的基础上，得出损失和概率的关系，即风险曲线。

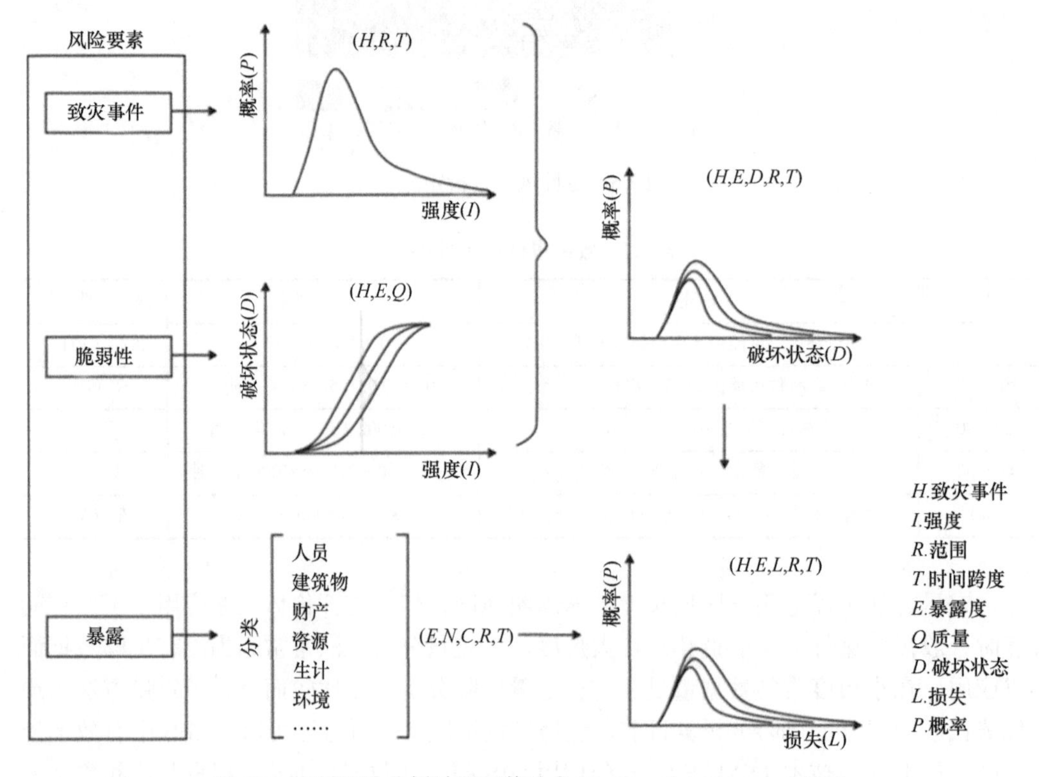

图 2.7　定量风险分析过程（修改自 PetaK and Atkisson，1982）

2.5　遥感与 GIS 技术

为了减少冰冻圈灾害损失，需要加强灾害与风险管理，开展冰冻圈致灾事件分析、承灾体制图、脆弱性和风险分析，这些工作都与空间信息紧密相关。致灾事件和风险分析的空间范围包括从全球到社区的多种尺度，对于基础数据、致灾事件、触发因素和承灾体要素，不同尺度的风险分析有不同的目标和空间数据要求。遥感已成为冰冻圈灾害与风险管理领域应用最广泛的数据源和监测手段。新的 GIS 算法和分析建模技术使得冰冻圈致灾事件、脆弱性和风险分析取得了巨大的进步。对地观测产品和 GIS 技术方法体系已成为冰冻圈灾害与风险管理的重要方法。

冰冻圈往往分布在高寒偏远地区，由于现场观测极为艰险，花费巨大，范围有限，在冰冻圈灾害与风险管理中遥感与 GIS 技术得到了越来越广泛的应用。例如，遥感和 GIS 技术在冰湖溃决研究方面的应用，包括冰川、冰湖空间数据获取，冰湖溃决评价指标获取，冰湖溃决洪水模拟和 DEM 的建立及应用等。冬春季大量降雪经常引发区域性的灾害，严重制约着当地草地畜牧业的可持续发展，利用遥感和 GIS 技术准确监测牧区的积雪动态变化，深入开展雪灾预警及风险评价研究，对防灾减灾、维持草地畜牧业的可持续发展都具有极其重要的意义。

2.5.1　遥感技术的应用

按照冰冻圈灾害的发生与发展过程，遥感技术的应用主要包括灾前监测、风险分析、预警，灾中监测、应急救灾与灾后的损失评估，以及灾情评估与重建等方面。在灾前，对冰冻圈的致灾事件，包括发生时间、范围、规模等进行监测、预警；对承灾体及其暴露度进行分析；对灾害可能发生的风险进行评估，为有效减灾、预警和备灾做好准备。灾害发生后，动态监测各种灾害的发展和演化情况，及时获取冰冻圈灾害范围、强度、损失等相关信息，快速准确提供灾情信息，为紧急救援提供必要的信息和资料。准确的灾情评估也是灾后重建的重要依据。

近年来，随着全球气候变暖和冰川退缩，以及人类在高海拔地区活动的增多，冰湖溃决洪水灾害呈增加趋势。目前，对冰湖溃决洪水的研究主要有冰湖识别与监测、溃决风险评估、冰湖溃决模拟，以及溃决风险减轻。冰川和冰湖空间数据的获取是冰湖溃决灾害评估的基础，它不仅可以识别潜在危险的冰湖，还为评估危险冰体对冰湖溃决的影响提供重要的数据源。同时，冰湖面积为估算冰湖库容、模拟冰湖溃决洪水洪峰和洪水泥石流淹没面积提供必要参数。利用遥感影像增强技术来突出冰湖信息，从而提取冰湖边界是自动获取冰湖数据常用的方法。遥感立体影像是生成高海拔地区 DEM 的主要方法。

利用遥感方法可以获取冰湖溃决风险评价的大多数指标（表 2.8），表中的有些溃决指标如“冰湖面积”，可以利用遥感方法定量获取，有些指标如“母冰川是否发生冰崩”，只能在冰崩发生之前进行遥感监测和分析。当满足溃决指标条件，如“冰湖面积”大于经验统计的限值，或母冰川发生了冰崩，则冰湖具有一定的溃决风险。通常情况下，用多个溃决指标来评价冰湖的溃决风险。

表 2.8 遥感方法获取冰湖碛决风险评价指标描述（张福存，2015）

冰湖溃决评价指标	获取这些指标的遥感方法描述
冰湖面积	DNWI 自动提取或目视解译几何校正后的影像
冰湖面积变化率	长时间序列遥感影像冰湖变化监测
湖的储水量	根据获取的冰湖面积，利用经验公式估算
坝顶宽度	用高分辨率影像获取
坝的高度比	利用摄影测量 3D 技术或立体卫星影像获取
坝背水坡坡度	利用高分分辨率 DEM 获取
湖水位距坝顶高度与湖坝高度之比	利用高分辨率影像获取
坝中是否存在冰核	利用摄影测量法进行坝体变化检测
坝表面植被状况	利用遥感影像分类识别
坝的物质组成	高分辨率多光谱影像分类
母冰川面积	利用中等分辨率遥感影像获取
母冰川冰舌前段坡度	利用高分辨率 DEM 获取
母冰川冰舌裂隙发育情况	利用遥感影像观测
母冰川是否发生冰崩	高分辨率多光谱影响或摄影测量技术进行变形监测；用 DEM 分析
流域面积	利用遥感影像获取
上游不稳定冰湖	利用遥感影像获取
是否有雪崩进入冰湖	多光谱影像数据结合 DEM 分析陡峭积雪场
是否有滑坡体进入冰湖	遥感影像结合土地利用数据等进行易滑坡区域制图，摄影测量技术进行表面变形观测
湖与母冰川的水平距离	从几何校正后的影像中获取

注：冰湖溃决指标根据文献选取；表中的高分辨率影像为 5m 分辨率以上的卫星影像（如 IKONOS、QuickBird 和 WorldView）。

海冰是冬季常见的一种海洋灾害，对海冰的监测是海洋防灾减灾的重要一环。利用卫星遥感监测海冰主要分为两大类：一类基于可见光遥感卫星数据；另一类则基于微波遥感卫星数据。可见光卫星海冰监测目前以 EOS-MODIS 为代表的中低分辨率光学传感器为主，这类传感器获取数据的幅面宽、重访周期短、图像直观，对于监测海冰的结冰、融冰过程十分有效。但是，可见光传感器较容易受天气影响，无法实现全天候观测。近年来，迅速发展的微波遥感，特别是合成孔径雷达（SAR）则具有独特的全天候、全天时的成像能力，而且 SAR 数据包含着丰富的海洋信息，能对可见光数据提供有力的补充。通常将可见光卫星和 SAR 卫星相结合，并充分发挥两者的优势，开展海冰的常规业务化监测工作。

2.5.2 GIS 技术的应用

风险管理者首先需要系统收集和管理有关风险要素、损失和风险管理项目的详细信息，并开展一系列的风险分析与评估，为风险决策提供信息与依据。冰冻圈灾害和风险信息都与位置密切相关，因此，制图和空间技术如GIS在风险分析过程中起着重要的作用。例如，不同的地点，雪灾发生的概率不同。同时，建筑、基础设施、人口、经济的暴露和脆弱性也因区域不同而发生变化。在风险分析过程中，GIS在致灾事件、暴露和脆弱性的空间特征分析与制图中有着重要的应用。另外，GIS技术为分析结果的显示提供了强有力的工具，允许用户直观地看见不同危害情景和影响的地理分布，允许用户进行快速的风险要素可视化分析。通过风险分析生成致灾事件、脆弱性、损失、风险和区划图集。

GIS能够整合遥感数据信息、DEM和经验模型用于冰湖溃决洪水模拟。DEM广泛应用于监测冰湖溃决评价指标，如有可能发生冰崩的冰舌前段，冰湖坝体的坡度分析都需要坡度图，而常用的GIS软件如ArcGIS都具备了三维空间分析技术。除了坡度，坡向、平面曲率和剖面曲率也是常用的地表信息，常用于分析雪崩、冰崩和冰川泥石流灾害。例如，在冰湖溃决诱因之一的冰崩分析中，将坡度、坡向、平面曲率和剖面曲率连同海拔和地表粗糙度作为模型参数，用于估算潜在冰崩形成区。

参与式GIS（PGIS）对于采集冰冻圈承灾区的本土知识、了解当地人对环境和灾害的感知是非常有用的工具，且有助于调研人员向当地利益相关者进行展示和沟通。参与式GIS或参与式制图的方法非常适合结合当地资料，进行参与式的需求评估和问题分析，反馈、理解和制订适合本地的灾害应对策略。

在冰冻圈承灾区进行调查时，参与式GIS可用于：①获取受影响社区当地居民的目击信息，重建历史灾害事件；②获取社区承灾体的特征信息，相当数量的当地信息并未公开发布，只能在当地社区的帮助下才能在本地收集；③了解当地社区家庭就频繁发生的灾害性事件，如雪灾等的应对机制；④了解决定社区家庭脆弱性等级及应灾能力的因素；⑤评估当地社区建议的有关降低风险的措施；⑥可帮助调研人员与当地社区及地方政府进行互动；⑦灾后损失制图等。

需要强调的是，PGIS方法需与当地人共同收集信息，并与他们进行互动，因为当地人有不可或缺的降低风险的经验。

参与式制图法强调记录和展示空间相关信息，信息的格式可用于地理信息系统，且可更新，并可与其他利益相关者共享。利用高分辨率的航片或卫星影像，以及以此为基础生成的地图，冰冻圈承灾区的当地人能够在包含丰富细节的图像上清晰地辨认出自己的日常生活环境。其他技术还包括简单的二维模型，甚至三维模型，人们可根据地形起伏等信息更好地识别各种要素特征。

随着移动GIS的使用，可基于下载到掌上电脑的高分辨率影像与实地收集到的属性信息关联，使得直接收集空间信息成为可能。移动GIS最常用的工具有ArcPad等。ArcPad是Esri公司随ArcGIS组件一起设计推出的产品，它允许用户订制自己的接口，使用与GPS连接手持设备采集数据，这些数据的格式可直接应用于ArcGIS中。

人口、建筑物、基础设施等冰冻圈承灾体的参与式制图，也是冰冻圈灾害风险分析的重要组成部分。虽然承灾体信息可能来自已有的数据源，如地籍和普查数据，但常常需要收集更多的信息，以描述脆弱性评估中的承灾体特征。此外，在现有数据缺失的情

况下，参与式制图是获取冰冻圈承灾体信息的主要手段。

冰冻圈承灾区社会脆弱性与能力评估的参与式制图，也是 PGIS 的主要应用。所需调查的社区一级社会脆弱性信息，大部分只能通过与当地社区的对话和讨论获得。这些信息包括人口的特征信息，基础设施及服务的完善程度，土地、商品和储蓄等资源状况，以及发生灾害时预警、疏散和救助等资源的可获得性。

思 考 题

1. 冰冻圈灾害风险分析的主要内容有哪些？

2. 举例说明冰冻圈灾害风险的定量分析方法和一般过程。

3. PGIS 技术在冰冻圈社区灾害风险调查中的主要作用有哪些？

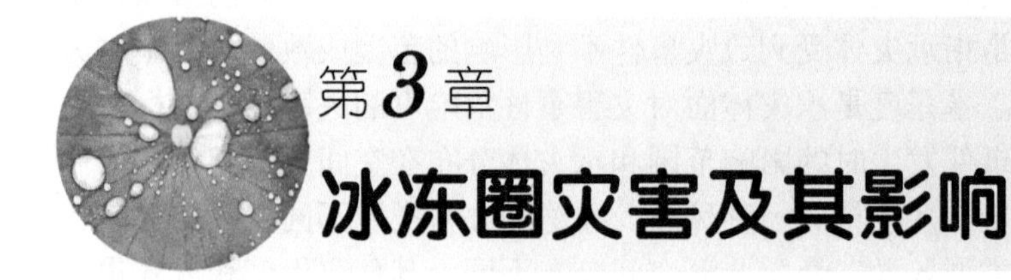

第3章 冰冻圈灾害及其影响

冰冻圈灾害严重影响着承灾区居民的生命和财产安全，以及交通运输、基础设施、农牧业、冰雪旅游发展乃至国防安全，使承灾区经济社会系统遭到巨大破坏。由于冰冻圈各类灾害成灾机理、承灾体及其孕灾环境各异，冰冻圈灾害分布有一定的空间分异特征。冰冻圈灾害发生、规模大小的主要影响因素不仅包括致灾事件、孕灾环境，而且与暴露要素、承灾体脆弱性及其防灾减灾能力密切相关。同时，气候变化在一定程度上加剧了冰冻圈灾害发生的概率。

3.1 冰冻圈灾害成灾机理

冰冻圈广泛分布于中高纬度和高海拔区域，多依赖于寒冷的气候条件。随着人口密度增加，经济活动增强，冰冻圈灾害风险越来越大。冰冻圈灾害是自然灾害的一部分，是冰冻圈具有潜在威胁的过程或现象对人类及其赖以生存的环境造成破坏性影响或损失的事件。冰冻圈致灾事件由物理过程、事件规模和发生概率构成，其中，灾害危险程度主要由规模和发生概率决定。冰冻圈灾害的成因不仅取决于致灾事件规模和大小，而且在很大程度上取决于暴露在冰冻圈事件之中的承灾体暴露度及其脆弱性。冰冻圈灾害的形成不仅要有致灾事件（气温降水异常、地震、火山喷发、雪、冰崩等）作为诱因，而且要有人、财产、资源环境等承受体的存在。

冰冻圈灾害的形成是冰冻圈致灾事件、孕灾环境、承灾体及其经济社会系统脆弱性（防灾减灾能力）综合作用的结果。冰冻圈致灾事件包括冰/雪崩、冰川跃动、冻融、海冰、冰山、暴风雪、霜冻、冰雹等。当致灾事件作用于人类社会并造成影响时，即发生灾害事件；当它不作用于人类社会，这类致灾事件则为自然事件。冰冻圈灾害是指冰冻圈致灾事件造成生命财产和基础设施损害，导致不期望发生的结果发生。对致灾事件的刻画是冰冻圈灾害风险分析的基础。一般而言，致灾事件变异强度越大、发生灾变的可能性越大或灾变发生的频度越高，则该风险程度就越高。孕灾环境指冰冻圈灾害形成的环境要素及其变化特征，包括气象气候、地形地貌、生态植被、海拔、河流分布等环境因素，这些因素的差异导致了冰冻圈不同灾种形成的孕灾环境的不同。对于在同等强度的冰冻圈灾害情况下，孕灾环境敏感性越高，灾害发生的概率就越大，所造成损失就越大。例如，在不同高程、坡度、植被状况等地理环境条件下，冰雪崩灾害规模大小、灾

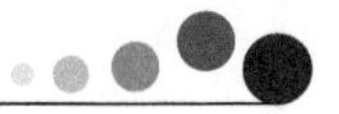

损大小因孕灾环境不同而不同。

如果说致灾事件是冰冻圈灾害发生的主体，那么承灾体暴露要素则是冰冻圈灾害发生的客体。承灾体是冰冻圈灾害形成的社会要素，其灾损大小取决于承灾体的暴露，暴露的大小即为暴露度。暴露是指承灾体受到致灾事件不利影响的范围或数量，范围越大或数量越多，暴露程度越大。暴露度是承灾体面对灾害事件危险度的关键测评指标。承灾体的暴露度是在特定灾害事件发生时的影响范围和承灾体分布在空间上的交集，仅当存在这种交集时，一个致灾事件才能构成一种风险。冰冻圈灾害类型不同，成灾环境、范围各异，其承灾体范围与类型各异，暴露要素空间分布不同，其危害程度和方式也不同。例如，冻融灾害主要影响基础设施，而对人口影响程度相对较小；雪灾主要影响畜牧业、牲畜、交通等，对人员伤亡影响亦较小；冰川/冰湖溃决洪水/泥石流灾害除损毁经济资产以外，常常造成人员伤亡。同一承灾体，不同灾种，其灾损程度及灾后恢复存在明显差异，故承灾体的判别和划分是自然灾害风险评估的前提。承灾体受灾损程度，除与致灾事件强度有关外，很大程度上取决于承灾体自身抗灾能力。

如同其他自然灾害一样，冰冻圈灾害的发生具有必然性与随机性、突发性与复杂性、群发性与链发性并存的特点。冰冻圈灾害发生的时间、地点、强度等难以确定，具有明显的随机性、突发性和复杂性。然而，随着人们对灾害成灾机理认识的提升，以及防灾减灾技术水平的改进，冰冻圈灾害的发生、演变和结束规律也将逐步被揭示。冰冻圈与各圈层的相互作用决定了许多灾害并非孤立存在，而是相互作用的。冰冻圈灾害的链发性体现在冰冻圈不同灾种的交织、因果相连方面，一些波及范围广、强度大的灾种的发生、发展往往会诱发其他次生或衍生灾害的发生。例如，溃坝性和融雪性洪水等常伴有崩塌、滑坡、泥石流等次生灾害产生；寒潮引发低温和大风，低温导致冰冻雨雪灾害、交通瘫痪、生物冻害等次生灾害的发生；海冰加速消融会威胁到极地与副极地地区生物的生存、海岸侵蚀，加剧海洋资源勘探与开采设施的建设与维护难度。

3.2 冰冻圈灾害类型

冰冻圈灾害类型主要依据致灾事件来划分。致灾事件空间分布具有一定地域性，但受不同灾害驱动机制的影响，灾害分布与致灾事件空间分布并非一一对应。冰冻圈灾害规模、类型同时受承灾体的暴露和防灾减灾能力的综合影响。按致灾事件所属冰冻圈类型，冰冻圈灾害可分为陆地冰冻圈灾害、海洋冰冻圈灾害和大气冰冻圈灾害。按冰冻圈致灾事件划分，灾害类型包括冰崩、冰川跃动、冰湖溃决、冰川泥石流、冻融、冰凌/凌汛、风吹雪、雪崩、暴风雪、冰川-积雪洪水、霜冻、冷冻雨雪、冰雹、冰山、海冰灾害、多年冻土海岸侵蚀、海平面上升等（表 3.1）。

冰冻圈不同灾种拥有不同的致灾事件、影响区域和承灾体，且发生的时间尺度也不一样。陆地冰冻圈灾害包括冰崩、冰湖溃决、冰川洪水、冰川泥石流、冻融、雪崩、积雪洪水、风吹雪、冰凌/凌汛、水资源短缺灾害；海洋冰冻圈灾害包括冰山、海冰、海岸侵蚀、海平面上升等；大气冰冻圈灾害包括暴风雪、冰雹、雨雪冰冻、霜冻和牧区雪灾等。在中国，冰冻圈主要灾种包括冰湖溃决、冰雪洪水、冰凌灾害、牧区雪灾、冰冻雨雪、冻融等，各灾种直接影响着交通、电力、水利、通信等基础设施和农林牧产业、冰雪旅游、文化景观，以及人民的生命财产安全。

表 3.1　冰冻圈灾害类型、致灾事件及其时间尺度简表

类型划分		触发因素	时间尺度
按冰冻圈类型分类	按致灾事件分类		
陆地冰冻圈灾害	冰崩灾害	大规模冰体滑动或降落	分钟
	冰川跃动灾害	冰川底碛变形及其与冰下水文过程相互作用是冰川跃动的重要因素	小时
	冰湖溃决灾害	冰崩、持续降水、管涌、地震等	小时
	冰川洪水/泥石流	冰川融化所形成的洪水，或伴随强降雨、火山喷发形成洪水/泥石流	小时
	冻融灾害	冻融作用	年
	雪崩灾害	大规模雪体滑动或降落	分钟
	牧区雪灾	较大范围积雪，较长积雪日数	天
	风吹雪	积雪区局地大风引起	天
	积雪洪水	积雪融化所形成的洪水	天
	冰凌灾害	冰凌堵塞河道，壅高上游水位；解冻时，下游水位极具上升，形成了凌汛	月
	水资源短缺	冰冻圈水资源供给不足	十年
海洋冰冻圈灾害	冰山灾害	冰山移动	天
	海冰灾害	海水冻结消融	月
	多年冻土海岸侵蚀	冻融作用致使海岸崩塌	月
	海平面上升	冰川消融导致海平面上升	百年
大气冰冻圈灾害	暴风雪	短期极端降雪事件	天
	低温冰冻雨雪	冬春季的低温雨雪冰冻	天
	霜冻灾害	温度突然下降、地面强烈辐射散热	天
	冰雹灾害	云中小冰粒（冰雹胚胎）在云内上下运动中与过冷水滴相遇并生长而形成	分钟

随着对冰冻圈灾害成灾机理认识的深入和防灾减灾技术的发展，冰冻圈灾害主要特征也随之变化。总体而言，系统梳理与研究冰冻圈各类致灾事件、承灾体类型、发生时间规模、不同灾种主要影响区及其空间分布，对于冰冻圈灾害风险防范及其防灾减灾规划的制定具有一定的理论意义。

3.3　冰冻圈灾害时空尺度

冰冻圈不同类型灾害的发生、影响存在不同的时空规模尺度。一些灾害的发生具有瞬时性，一些灾害的发生则具有年代际或更长时间尺度。一些灾害的发生可能是局地的，一些灾害的发生则具有区域乃至更大尺度。其中，雪崩、冰崩灾害具有瞬时性和局地性，且多发生在山区。冰雹灾害则具有瞬时性和较大空间尺度，且多对农作物造成巨大影响。冰川泥石流、冰湖溃决、冰川跃动灾害发生时间在小时尺度，空间尺度在沟域尺度。积雪洪水灾害发生时间在天尺度，空间尺度相对沟域尺度要大一些。霜冻灾害、冰山灾害发生时间在天尺度，但空间尺度则在区域规模。冰凌灾害发生时间在月尺度，空间上主要发生在河流的某一段。风吹雪灾害发生时间在月尺度，空间尺度在区域规模。低温冰冻雨雪灾害发生时间在月尺度，空间以大区域规模尺度居多。牧区雪灾、海冰灾害发生多发生在冬春季，空间尺度在区域乃至更大规模。多年冻土海岸侵蚀灾害发生时间尺度为年际或年代际，空间尺度为环北极海岸带。分布有冰冻圈区域的干旱区的水资源短缺事件发生时间在年际尺度，空间上以流域或区域尺度为多。由冰冻圈引发的海平面上升，其灾害影响的时间尺度在年代际乃至更长时间尺度，而空间上则既有小尺度又存在全球尺度（图 3.1）。

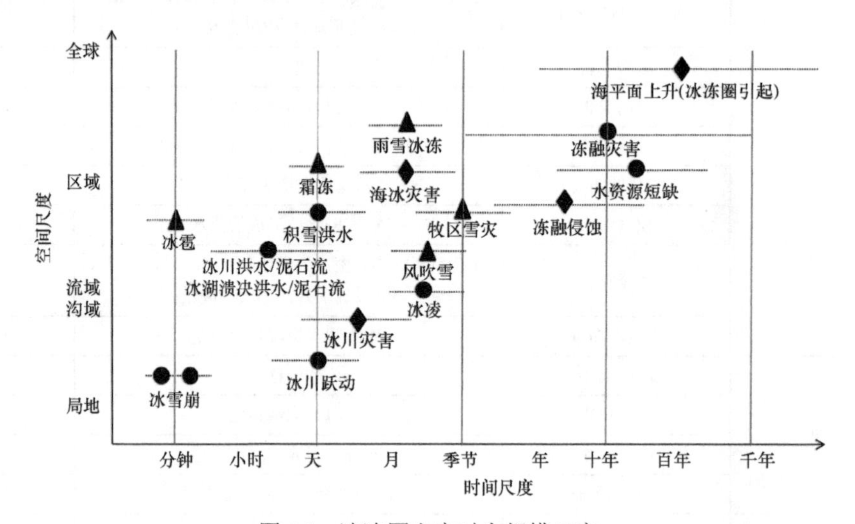

图 3.1　冰冻圈灾害时空规模尺度

●、▲和◆分别代表陆地冰冻圈灾害、大气冰冻圈灾害、海洋冰冻圈灾害；点线代表灾害持续时间跨度

在冰冻圈灾害中，雪灾是波及范围最广的灾种，包括雪崩、风吹雪、暴风雪、牧区雪灾、融雪洪水、冰冻雨雪等，各灾种相互作用、相互影响。当降雪量过大、雪深过厚、持续时间过长，或春天气温回暖形成春汛时，常危及承灾区农牧业生产、区域交通等经济社会可持续发展。冰崩、雪崩、冰湖溃决发生灾害时间短暂，属突发性灾害，预警与防范较难。冻融灾害、水资源短缺、海平面上升等冰冻圈灾害发生时间较长，属渐发或缓发性灾害，从长远来看，可能会造成更大的危害，但受到的关注往往较少。

3.4　冰冻圈灾害空间差异

全球冰冻圈灾害空间分布广泛，类型多样，对人类经济社会影响显著。全球范围内，包括阿尔卑斯山区、喀喇昆仑山、安第斯山脉、加拿大落基山脉和兴都库什-喜马拉雅山在内的许多高山区往往是冰冻圈灾害的频发区和重灾区（图 3.2）。

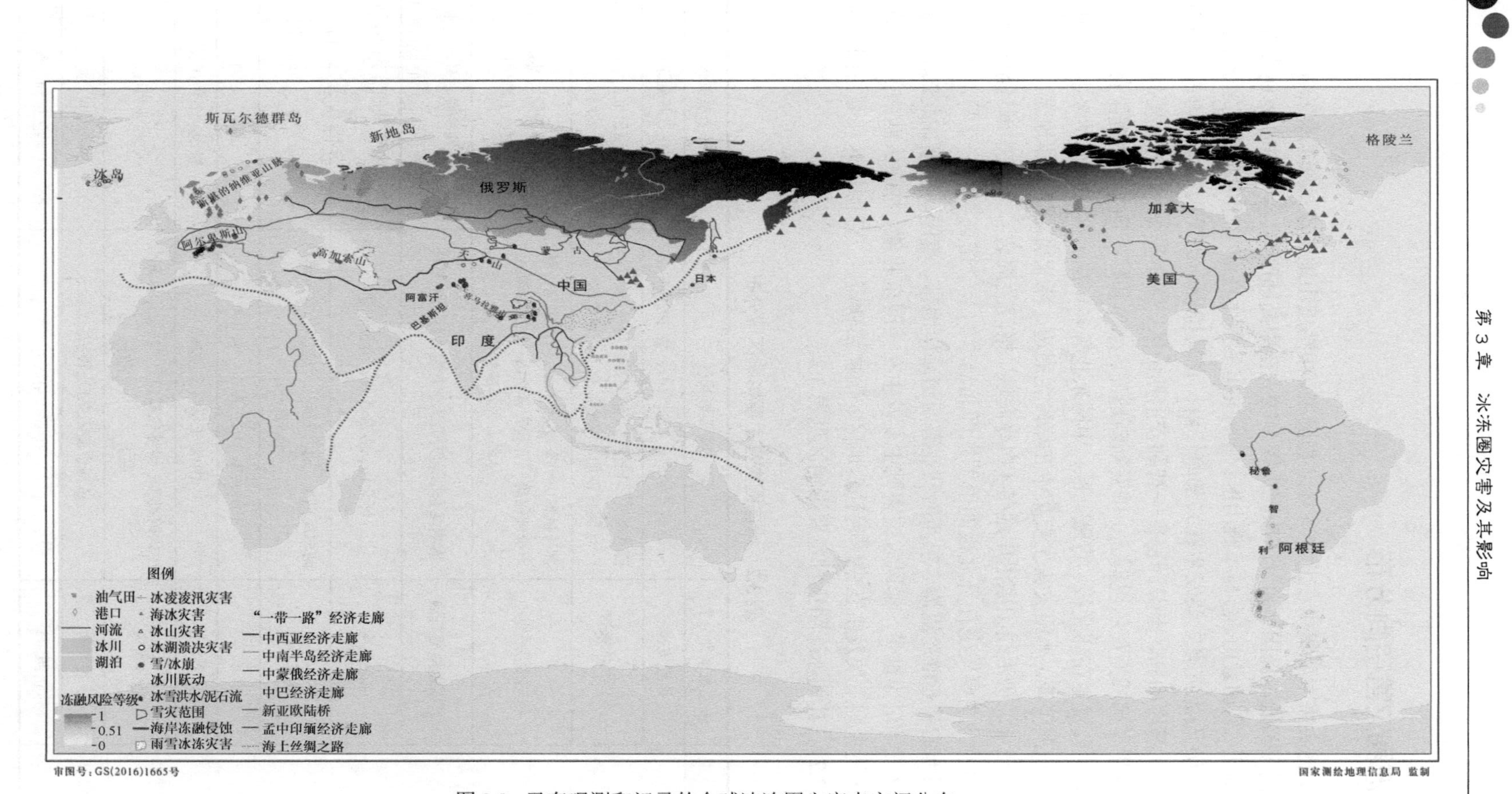

图 3.2 已有观测和记录的全球冰冻圈灾害点空间分布

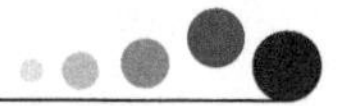

3.4.1 冰冻圈灾害空间分布

陆地冰冻圈灾害主要集中在北半球环北极国家、中纬度山地国家；海洋冰冻圈灾害主要集中在沿海国家和低洼岛国；大气冰冻圈灾害多发生在中高纬度地区。其中，冰崩灾害常发生在阿尔卑斯山、高加索山、喜马拉雅山区；雪崩灾害多发生在北半球中高纬度地区的山区；冰湖溃决洪水/泥石流灾害主要发生在兴都库什山、喜马拉雅山、天山、念青唐古拉山中东段、加拿大西南海岸山脉、南美洲秘鲁—智利安第斯山区、阿尔卑斯山、冰岛等地；冰川跃动灾害主要发生在挪威斯瓦尔巴群岛、俄罗斯新地岛、冰岛和阿拉斯加、喀喇昆仑山、帕米尔；冻融灾害主要发生在环北极、青藏高原、中国东北等多年冻土区；积雪洪水主要发生在中亚干旱区、欧洲等地。冰山灾害主要集中在格陵兰周边、环北极国家海岸地带，而海冰灾害则主要集中在环北极沿线国家沿岸地带（白令海峡、格陵兰周边），以及中国环渤海区域。多年冻土海岸侵蚀主要发生在环北极的俄罗斯西北沿岸的卡宁诺斯半岛—亚马尔半岛—泰拉尔半岛、新西伯利亚群岛沿岸、东西伯利亚海西南海岸地带、美国阿拉斯加北部沿岸和加拿大育空地区北部沿岸地带。暴风雪灾害则主要发生在美国东北部、加拿大西南部、西北欧和日本，牧区雪灾则主要发生在中国阿勒泰地区、锡林郭勒盟、三江源地区和蒙古国、高加索牧区（图 3.2）。其他冰冻圈灾种主要影响区见表 3.2。

表 3.2 冰冻圈灾害主要影响区域分布

按冰冻圈类型分类	按致灾事件分类	主要影响区	主要承灾体
陆地冰冻圈灾害	冰崩灾害	阿尔卑斯山、高加索山、喜马拉雅山	居民、基础设施
	冰川跃动灾害	挪威斯瓦尔巴群岛、俄罗斯新地岛、冰岛和阿拉斯加、喀喇昆仑山、帕米尔	居民、公路桥梁、电站、基础设施
	冰湖溃决灾害	喜马拉雅山中东段、加拿大西南海岸山脉、南美洲秘鲁—智利安第斯山、阿尔卑斯山、冰岛、兴都库什山	居民、公路桥梁、基础设施、耕地、下游居民
	冰川洪水/泥石流	喀喇昆仑山、天山、念青唐古拉山中东段	居民、公路桥梁、基础设施、耕地、下游居民
	冻融灾害	环北极、青藏高原、中国东北	路网、管网、线网等基础设施，建筑
	雪崩灾害	阿尔卑斯山、喜马拉雅山、落基山、斯堪的纳维亚山	高山旅游者、基础设施
	风吹雪	中国天山、阿尔泰山、东北地区	道路、运输
	积雪洪水	中亚干旱区、欧洲	耕地、下游居民
	牧区雪灾	中国阿勒泰、锡林郭勒盟、三江源地区和蒙古国、高加索牧区	农牧业和城市
	冰凌灾害	黄河宁蒙山东段、松花江	水利水电、航运
	水资源短缺	中亚干旱区	干旱区绿洲系统

续表

按冰冻圈类型分类	按致灾事件分类	主要影响区	主要承灾体
海洋冰冻圈灾害	冰山灾害	格陵兰周边、环北极国家海岸地带	海上钻井平台、近海居民、设施等
	海冰灾害	环北极航线区域、中国环渤海区域	港口、港湾设施、钻井平台、航行安全，近海岸水产养殖
	多年冻土海岸侵蚀	环北极国家沿海地带	土地、海岸景观、建筑及其基础设施
	海平面上升	低洼岛国或沿海低地	国土资源、淡水资源
大气冰冻圈灾害	暴风雪	美国东北部、加拿大西南部、西北欧和日本	交通运输、房屋
	低温冰冻雨雪	中国中东部、美国东北部	交通、电力和通信线路
	霜冻灾害	中高纬度地区	农作物、瓜蔬业
	冰雹灾害	肯尼亚、阿根廷、俄罗斯、加拿大	农作物、林果业、瓜蔬业

3.4.2　冰冻圈灾害区域分异

尽管各类冰冻圈灾害在一定地域范围内交织发生，但一般来说一个地区以某一灾害为主导，在空间上呈灾害带、灾害区分布，其区域分异特征明显（表 3.2）。兴都库什克什米尔、帕米尔、大高加索、阿尔卑斯山、落基山一带主要受雪/冰崩、冰川泥石流灾害影响。整个喜马拉雅山区以冰湖溃决洪水/泥石流灾害为主，且往往形成跨境灾害。全球范围内，该区域是冰湖溃决灾害频发区和重灾区。在明显的持续增温及地震频发背景下，该区形成冰湖溃决灾害的可能性亦然很大。中巴经济走廊冰冻圈灾害类型多样，包括冰川跃动、雪崩、冰崩、风吹雪、冻土冻融、冰川洪水、冰川泥石流、冰湖溃决等灾害类型，且潜在风险巨大，严重影响道路通行和行车安全，以及交通、通信、油气等基础设施和重大建设项目的顺利开展。中亚天山主要受冰川洪水和融雪洪水灾害影响。近 30 年来，中亚冰雪洪水发生频率明显增大，近期冰雪洪水灾害发生频率和影响程度呈增大趋势，对绿洲农业、居民财产和经济社会发展带来了巨大危害。蒙古高原、青藏高原、格鲁吉亚等区域主要发生雪灾（特别是牧区雪灾），其危害主要是畜牧业，但有时也危及人的生命安全。新疆北部阿尔泰山、塔城地区和天山北坡一带主要为风吹雪灾害，影响交通运输安全。俄罗斯西伯利亚地区、青藏高原、中国东北主要以冻融灾害为主，常危及路网、电信、输油/气管线、机场、居民点等基础设施建设。未来气候变暖将继续引起或加速冻土融化过程，进而对公路路面、铁路地基、桥梁、房屋建筑、输水渠道、水库坝基等带来潜在威胁，未来将有可能影响北京—莫斯科高铁、亚马尔半岛油气管道的建设问题。因此，在工程设计和维护方面如何减轻冻土融化导致的负面影响，是该地区面临的重要问题。在较长时间尺度，祁连山北坡河西走廊、天山北坡经济带产业，以及中亚干旱区绿洲发展还将受冰冻圈水资源短缺的潜在影响。北极海岸带以冻融侵蚀灾害为主，因北极海岸带含冰量很高，气候变化极为敏感，主要影响区位于俄罗斯西北卡宁诺斯—亚马尔—泰拉尔半岛、新西伯利亚群岛沿岸、东西伯利亚海西南海岸、美国阿拉斯加北部沿岸、加拿大育空地

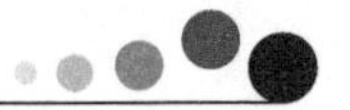

区北部沿岸地带。海上丝绸之路沿线岛国或沿岸则主要受冰冻圈影响下的海平面上升的威胁（表 3.2）。

3.5 冰冻圈灾害的影响

全球变暖导致冰冻圈快速变化，加剧了冰冻圈灾害的发生频率，严重影响着寒区交通运输、基础设施、重大工程、农牧业、冰雪旅游发展乃至国防安全，使冰冻圈承灾区经济社会系统遭到巨大破坏。例如，冰冻圈灾害威胁着中国—尼泊尔、中国—不丹、中国—印度、中国—巴基斯坦、中国—俄罗斯、中国—蒙古国、中国—中亚国际公路沿线居民生命和财产安全。由于上述冰冻圈地区地方财政薄弱，抵御灾害能力极为有限，冰冻圈灾害已成为“一带一路”沿线国家经济社会系统健康持续发展面临的重要问题。其中，中巴经济走廊北接“丝绸之路经济带”、南连“21 世纪海上丝绸之路”，是贯通西部丝路南北的关键通道。由于沿线地处冰冻圈-地质灾害严重区，海拔跨度为 460～4733m，受到冰冻圈灾害与地质灾害的侵扰，严重影响道路通行和行进安全。公路沿线发育有与冰冻圈密切相关的冰川跃动、雪崩、冰崩、风吹雪、冻土冻融、冰川洪水、冰川泥石流、冰湖溃决等灾害类型，其中冰川泥石流分布最广、危害最大。全线累计有 240 多个大型灾害点，各类地质灾害路段长度占中巴公路总长的 90%以上。

冰冻圈灾害中，冰/雪崩灾害具有突发性、发生历时短暂、预警难度大的特点，常造成巨大的灾害影响。例如，2002 年 9 月 20 日，俄罗斯高加索奥塞梯北部科卡（Kolka）冰川发生大规模的冰/岩崩泥石流灾害，泥石流冲向下游 12km 的村落，估计冰体 120 亿 m^3，河谷两岸 100m 高内的道路、通信设备及草地均被扫光，并导致下游村庄部分被埋，130 名村民罹难。在欧洲和北美洲，2000～2010 年，雪崩夺去了大约 1900 人的生命，这些雪崩灾害中部分是因滑雪或其他娱乐活动导致灾害的发生。亚洲山区国家，特别是在阿富汗北部、巴基斯坦北部，近年雪崩灾害人员伤亡损失巨大。进入 21 世纪，由于隧道技术的发展，山区道路沿线雪崩死亡人数显著减少，但高山旅游区灾害却不断发生。2014 年 4 月 18 日，珠穆朗玛峰南坡大本营上方不远的孔布冰川一号营地附近发生了一起雪崩事故，16 名尼泊尔夏尔巴人在为登山线路做准备工作时惨遭不幸。2015 年 4 月 25 日，尼泊尔发生 8.1 级大地震，珠穆朗玛峰南坡大本营遭遇雪崩灾害，冲垮并埋没大量帐篷，18 人遇难。

中亚和喜马拉雅山区冰冻圈灾害以冰川洪水、冰湖溃决洪水/泥石流为主。近 30 年来，中亚冰雪洪水灾害发生频率和影响程度呈加大趋势，对绿洲农业、居民财产和经济社会发展带来了巨大危害。例如，中国阿克苏地区冰雪洪水灾害常危害下游工农业生产和塔里木河流域的综合治理。其中，冰湖溃决洪水具有突发性，常携带大量碎石、泥沙，冲毁渠道、农田、村庄，冲断桥涵，给下游造成严重的经济损失。例如，1983 年、1984 年、1994 年、1996 年和 1997 年的冰湖溃决性洪水灾害分别造成阿克苏地区协合拉水文站被冲毁，库玛拉克河帕什塔什防洪堤、大汗防洪堤被冲毁和决口，协合拉引水枢纽基础设施险遭破坏，塔里木河上的帕满水库、齐满水库和大寨水库均处于紧急防洪状态。据不完全统计，在阿克苏河灌区中，受洪水威胁的农田近 30 万亩。整个喜马拉雅山区受冰湖溃决洪水/泥石流的影响严重，当前该区约有8000余个冰湖，超过200个冰川湖可能存在潜在危险。自20世纪30年代以来，中国有记录的冰湖溃决灾害呈增加趋势，累计发生冰湖溃决灾害超过40次，累计因灾死亡715人，冲毁大小桥梁88座，冲毁道路超过185km。

雪灾的发生受积雪的危险性，承灾体（牧草、牲畜、居民等）的暴露和脆弱性，以及承灾区防灾减灾能力的共同影响。积雪掩埋牧草程度越大，积雪持续日数越长，当超载率过大且应对措施较弱时，其灾损就越大。1970～1971年冬季，格鲁吉亚突降大雪，灾难性降雪事件致39人罹难。1975～1978年冬天，雪灾致42人死亡。1986～1987年大雪则致使80人罹难，大约2万名居民被转移安置。1999～2003年冬季，蒙古国发生近50年来最为严重雪灾，国际红十字会确认蒙古国850万只（25%）牲畜因雪灾死亡。青藏高原则在过去的60多年（1951～2015年）间，记录的规模以上雪灾事件238起，因雪灾致死人数为325余人，累计死亡牲畜1200多万只。从中国各省累计牲畜总死亡数量来看，青海省历年牲畜死亡规模最大，占青藏高原牲畜死亡总数的67.80%，西藏自治区次之，占总数的25.30%。也就是说，青藏高原的雪灾主要发生在青海，而四川、甘肃、新疆和云南的灾害损失较小。从灾害发生频率统计结果来看，在规模以上灾害记载中（死亡1万头牲畜及以上），青海海西地区的乌兰县发生雪灾次数最高，规模以上灾害有15次之多。另外，青海的玉树、达日、玛沁、那曲，西藏的错美、隆子、错那等县都是雪灾的高发区，给当地的畜牧业造成了很大的威胁。

北半球多年冻土的潜在冻融灾害区分布着大量工程构筑物，如阿拉斯加、西伯利亚，加拿大的诺曼韦尔斯（Norman Wells）输油管道等基本位于冻融灾害的高风险区。俄罗斯在多年冻土的铁路病害率在30%左右。在中国，高风险区主要在东北地区、祁连山区、西昆仑山南、青南山原中部、冈底斯山和念青唐古拉山南麓、喜马拉雅山南麓部分区域。我国东北大小兴安岭地区牙林线与嫩林线工程病害均超过30%。青藏公路、新藏公路冻土热融灾害风险较高。青藏铁路格尔木至拉萨段全长1142km，穿越多年冻土区长度为632km，其中高温高含冰量冻土区约124km。以热融、冻胀及冻融灾害为主的次生冻融灾害对路基稳定性存在潜在危害，主要表现为路基沉陷、掩埋、侧向热侵蚀等。早期研究表明，青藏公路路基以融化下沉类病害为主，全部病害中该类病害占到了83.50%，冻胀和翻浆引起的路基破坏较少，约占16.50%。现场调查发现青藏铁路±110kV输变线塔基的主要病害是融沉，相比青藏铁路±110kV输变线，刚投入运行的±4000kV输变线由于荷载变大，基础尺寸扩大的特点，未来运营期间融沉也将是最重要的病害。

低温雨雪灾害受灾范围极为广泛。例如，2008年，中国低温雨雪冰冻灾害造成全国19个省（市、区）发生不同程度的灾害。此次灾害，因灾死亡107人，直接经济损失达1111亿元。2016年1月20～25日的低温雨雪冰冻灾害主要表现为我国南方出现大范围的雨雪天气，且刷新我国下雪最南“底线”。广西南宁遭遇40年一遇的雨夹雪天气。广州市区更是出现了65年一遇的雨夹雪天气。与2008年南方雨雪冰冻灾害相比，此次过程冷空气强度更强，但过程持续时间短，冻雨的范围和强度不如2008年大。两次过程都发生在我国交通、电力、煤炭等物资运输的重要通道和人口密集区，过程强度之大，影响范围之广，均属历史同期同类灾害之最，低温雨雪冰冻天气对电力、农业、林业、通信、交通运输等行业造成了不同程度的危害。

3.6 气候变化与冰冻圈灾害

冰冻圈是对气候系统变化极为敏感的圈层，气候变化是冰冻圈灾害发生和时空变化的重要驱动力。全球变暖造成世界上区域性极端气候事件发生强度和频次都有增加趋势，特别是高纬度高海拔冰冻圈地区。冰冻圈区域升温速率明显高于其他区域，冰冻圈的快速变化进而增大了冰冻圈致灾事件发生的概率。

3.6.1 冰冻圈不同灾害类型的气候条件分析

从孕灾环境来看，冰冻圈快速变化将直接影响到冰冻圈灾害发生的程度与影响范围。例如，气候由暖干向暖湿转型时，冰川退缩加剧，融水量增大，冰川洪水和冰川泥石流灾害随着冰川融水径流的增加而增多；而融雪洪水、雪崩和风吹雪随着气候变化引起的冬季积雪增加和气温升高，其灾害强度在增强；冰崩灾害随着气温升高引起的高山冰体崩解而呈增加趋势。

1. 雪崩灾害的气候条件分析

气候条件和积雪特性与雪崩关系紧密。雪崩与气候之间的统计学关系可能对雪崩预测有所帮助。已有研究显示，加拿大哥伦比亚山受海洋性气候影响的区域，持久松雪层天然雪崩活动频数占总量的0～40%。对法国阿尔卑斯山 Valloire 峡谷 576 次雪崩事件的统计结果显示，对于高频率雪崩轨迹，高雪崩活动概率依赖于连续数日的高冬季降雪和较高的气温条件，而对于低频率雪崩轨迹，高雪崩活动概率则仅多依赖于连续数日的冬季高降雪事件的发生。在地中海比利牛斯山区，主要雪崩周期与北大西洋涛动（NAO）和西部地中海振荡（WeMO）密切相关。在没有负荷明显变化的情形下，气温是促使雪崩形成的一个决定性因子。气温变化以不同方式影响积雪的稳定性。在暴风雪期间，气温的升高和暴风雪结束不久的气温快速升高促使积雪存在不稳定性。气温变化主要影响表层积雪硬度、释放韧性和剪切应力，而积雪的力学特征也高度依赖于气温条件。风则增加积雪负荷。风被认为是新雪之后对雪崩最起作用的贡献因子。风速变化和积雪漂移形成了不同密度或硬度的雪层，进而造成成层积雪的压力集中。新雪密度、空气气温和风速之间的相关性显示，风硬化积雪板层具有很高的黏度。短波辐射则通过穿透雪层上部，致使上部雪层升温，进而对旅游者触发的雪崩事件产生重要影响。

降雪是灾难性新雪雪崩最关键的预测参数，并与危险性紧密相连。一次暴风雪后新雪积累深 1m 被认为是极端雪崩发生的临界点，30～50cm 是一般天然雪崩释放的临界点。然而，单独依赖新雪深度解释雪崩活动很不充分。其中，暴风雪期间或不久后的降雪速率或负荷速率可能强烈地影响到积雪应力和强度的临界平衡，从而导致天然雪崩发生。当新雪负荷率很快增大时（≥2.5cm/h），新雪层以下不牢固层将不能快速地获得足够的牢固度。因此，暴风雪负荷率与被埋松雪层加固率存在一个竞争关系。其他研究也已显示，证实板状积雪的稳定性与干的板状雪崩发生具有很大的相关性。

2. 冰湖溃决灾害的气候条件分析

冰川的进退、积累和消融，都受制于气候的干、湿、冷、暖变化，即与温度和降水密切相关，其气候条件也与冰湖溃决密切相关。温度的升降变化与降水的多少在时空上的共存关系称之为水热组合。水热组合一般被分为四种类型，即湿热、湿冷、干热（暖）和干冷类型。湿热和干热（暖）气候使冰川强烈消融、变薄、冰塔林出现以致消退。湿冷气候有利于冰雪积累，而不利于消融。干热（暖）气候对冰川消融最为有利，不利于冰雪积累，同样有利于冰湖溃决。干冷气候既不利于冰川积累，也不利于冰雪消融，很少爆发冰川泥石流。总体上，相对湿热和干暖气候激发出现的冰湖溃决最多，相对湿冷、干冷气候激发溃决现象则较少。冰川活动水平与气温降水密切相关。相对湿热、干暖年代冰温较高、冰川消融加速，冰川末端崩滑强烈。冰崩体激起涌浪，漫溢堤坝，造成冲刷，进而导致溃决。

冰川积累增加，前进过程中或稍后紧接着的猛烈升温、强烈消融，是冰崩、冰滑坡发生的有利条件，也是冰湖最容易发生溃决的时间。冰川前进过程中或稍后紧接着的气候突变，如猛烈升温，伴随着丰沛降水而形成湿热或暖热气候，或者相对于湿冷的前一年年平均气温大幅度回升，而降水相对减少，构成干暖（热）气候，则大大有利于冰川积雪的强烈消融。这为冰崩、冰滑坡的发生准备了条件。这种气候突变年份夏秋季节的冰雪强烈消融，以及降水释放潜热的综合作用（水热积累）到了一定程度，最容易导致冰湖溃决。在湿热、湿冷、干热（暖）和干冷（凉）4 种水热组合中，以湿热、干热（暖）两种激发出现的冰湖溃决泥石流最多，且多发生在夜晚；湿冷和干冷最少，且多发生在白天。例如，青藏高原冰湖溃决泥石流多发生在由冷转暖和高温季节，已溃决冰湖中 71.43%发生在 7～8 月，9 月次之，这一时期也是冰湖溃决灾害发生的频发期。受季风气候影响，喜马拉雅山气温升高，降水增多，呈雨热期。该时期，气温较高，降水丰富，水热组合为湿热或湿冷状态，导致冰川（特别是冰舌）强烈消融，冰川融水或冰崩体或冰川跃动体随即汇集于冰湖，导致湖水位骤然上升、冰湖迅速扩张，或激起或产生巨大涌浪和冲击波，从而使冰湖坝体薄弱处形成溃口，最终导致冰湖溃决灾害发生。同时，短时高强度降水也是导致湖水位快速上升而诱发冰湖溃决的重要因子。总体上，冰湖溃决灾害发生区域气温普遍较高，降水较为丰富，从而形成了冰湖溃决灾害发生的气候背景。例如，2002 年 9 月 18 日，喜马拉雅山洛扎县得嘎错发生溃决，造成巨大的经济损失。溃决时间发生在夏末秋初季节，就水热组合状况而言，属于干热组合。该时期冰湖地带气温在 9～10.8℃，该冰湖与 1981 年洛扎县溃决冰湖扎日错、1964 年定结县吉莱普错冰湖地处同纬度地带。1964 年 9 月，定结县吉莱普错发生溃决，该时期邻近气象站定日县降水仅 8.8mm，仅占全年降水总量的 3.0%。当月平均气温较历年 9 月气温偏高，仅次于 1961 年 9 月均温。

3. 冻融灾害的气候条件分析

冻融是指岩土的冻胀和融沉及其综合作用。随着温度变化，岩土中水存在相变作用，在这一过程中，土体出现冻胀和融沉现象，称为冻融现象，若造成道路、工程、房屋、建筑等损毁，则为冻融灾害。高含冰量、高温多年冻土较易发生冻融灾害。气温升高导致全球范围内多年冻土温度升高及融区形成。多年冻土区活动层厚度增加、冻土厚度减薄、冻土分布下

界升高、冻土温度升高和热融滑塌、热融湖塘等增加。地下冰发生融化引发冻土退化，通过冻融作用，导致地表变形，对工程构筑物的稳定性产生显著影响。气温的升高直接影响冻土环境，对已建、在建、拟建基础设施、建筑物，将极大地增加冻融灾害对其的破坏程度和频率。过去50年气候变化，特别是气温、积雪深度和暖期的持续变化，已导致北极多个地点多年冻土层温度升高和活动层加深。自20世纪70年代后期以来，北极多年冻土层温度升温在0.50～2.00℃。过去50年来，俄罗斯基础设施恶化，某种程度上可能归因于在多年冻土区观测到的气候变化，导致基础设施稳定性受到破坏。自70年代以来，俄罗斯楚科奇自治区（Chukotka A.O.）、萨哈共和国（Sakha）、泰梅尔自治区（Taymyr A.O.）、亚马尔-涅涅茨自治区（Yamalo-Nenets A.O.）和涅涅茨自治区（Nenets A.O.）五个地区近50年来多年平均气温升温高达1℃。由于气温升高，导致多年冻土近表温度升高和活动层厚度增厚，进而导致上述五个区域地基支撑基础设施能力下降（Streletskiy et al.，2012）。

与北美和俄罗斯的高纬度多年冻土相比，青藏高原冻土具有地温高、厚度小、自身热稳定性差等特点，因此对气候变化及工程活动的扰动更加敏感。青藏高原冻土升温退化方式的监测及模拟研究显示：在气候变化条件下，青藏高原多年冻土区活动层厚度呈整体增大趋势，1981～2010年，活动层厚度的变化量为–1.54～2.24 m，变化率为–5.90～10.13cm/a，平均每年增厚约1.29cm。活动层增厚趋势与年平均气温增大的趋势基本一致，这说明气候变化对活动层厚度变化有很大的影响。目前，青藏铁路沿线低温冻土区对于气候变化的响应主要集中体现在多年冻土升温上，而多年冻土上限下降速率较小，多年冻土厚度变化不大；而在高温冻土区（年平均地温高于–0.60℃），多年冻土对于气候变化的响应主要集中体现在多年冻土上限快速下降，多年冻土厚度减小，而多年冻土地温升温缓慢。不同地温分区内多年冻土升温退化所处阶段不同。基于上述监测结果，可将目前青藏铁路路基热状况分为稳定型（低温冻土区块石路基）、亚稳定型（低温冻土区普通路基及高温冻土区块石路基）和不稳定型（高温冻土区普通路基）。对于青藏铁路而言，气温升高致使多年冻土厚度减薄、地下冰融化，进而直接影响和威胁青藏铁路路基、桥涵、大中型桥梁地基、旱桥等设施的稳定性。对于多年冻土年平均地温为–0.50～0℃，–1.00～–0.50℃的极不稳定和不稳定地温带而言，特别是在高含冰量地段，多年冻土退化乃至消失，将会极大地引发路基下沉破坏、桥基失稳等严重问题。未来拟建工程在勘察设计时，应尽量避开融沉灾害高发区。如果无法避开，应采取相应的工程措施。在融沉灾害高风险区的高温-高含冰量冻土区，可采用“主动冷却地基”的工程措施（如桩基础、热棒等）及“热半导体材料”（青藏铁路中的块石路基）；如果高温-高含冰量冻土层较薄，可采用预融技术。在工程建设同时要注重环保意识。尽量恢复植被，减少人类活动以减小融沉灾害的发生。

3.6.2 气候变化对冰冻圈灾害的影响

在全球变暖影响下，冰冻圈灾害发生的频数和强度呈增大趋势，影响也更加严重。冰川的进退、积累和消融，受制于气候的干、湿、冷、暖变化，即与温度和降水密切相关，而在气温升高背景下，冰冻圈稳定性在变差，冰川消融加速，积雪范围、积雪日数将持续减小，高纬度低温多年冻土温度也将随之升高。尽管气候变化与冰冻圈灾害之间存在一定程度的相关性，但目前要确切定量计算气候变化对冰冻圈灾害的强度和出现频率的影响还十分困难。

随着全球变暖，气候极端事件发生频率急剧增加，欧亚大陆和北极地区积雪也在发生显著改变。近几十年来欧亚大陆和北极地区多年平均（最大）积雪深度总体呈增加趋势。其中，欧亚大陆北部、俄罗斯平原东部和俄罗斯北极地区雪深明显增加。1966～2011年，欧亚大陆逐年降雪量呈现显著的年际波动，但是变化趋势不显著，冬季月降雪量比较稳定，但春季3月降雪量显著增加，这也增加了春季雪灾发生的可能性。欧亚大陆极端降雪阈值在东部沿海地区、原苏联西部地区和青藏高原地区较大。已有研究通过重建长时间序列（150年）雪崩发生频率发现，冬季和初春的温暖气温确实有利于形成湿润雪，进而导致湿雪崩发生频率增加，这很有可能对一些地区（人类压力不断增加的地区），尤其是亚高山陡坡地区产生重大影响。

在全球气候变暖背景下，冰川系统可能更加脆弱。例如，2015年5月东帕米尔高原克拉牙依拉克冰川发生的冰川跃动灾害，2016年7～9月西藏自治区阿里阿汝错湖区在短时间内先后爆发了两次冰川跃动灾害，2016年10月青海省阿尼玛卿山西坡青龙沟冰川跃动灾害均对当地人身安全、财产带来一定损失。其中，区域性变暖、变湿极有可能是冰崩灾害发生的重要因素。在全球气候变化的背景下，冰川灾害极有可能成为人类面临的新常态，同时，冰川流域沟谷也将成为冰川灾害的热点地区。2018年，中国经历了1961年以来最热的一个夏天，7～8月，位于新疆喀喇昆仑山高海拔无人区的克亚吉尔冰川堰塞湖发生溃决，3500万m^3的融雪性洪水沿克勒青河倾泻而下，致使下游的叶尔羌河水位迅速上涨，超过库鲁克栏干水文站警戒水位。

自20世纪70年代以来，北极大多数地区多年冻土在变暖，冻土区陆表温度的上升伴随着冻土活动层的相应变化，当然这种变暖和活动层变化并不均匀。多年冻土对气候变化的敏感性每摄氏度为0.8～2.3百万km^2，这也意味着全球温度上升1℃，相应地近地表多年冻土面积减少相当于蒙古国或甚至格陵兰的面积。相对于1986～2005年，整个北半球近地表多年冻土面积到2080～2099年将可能减少37%±11%（RCP2.6）、51%±13%（RCP4.5）、58%±13%（RCP6.0）和81%±12%（RCP8.5）（Collins et al.，2013）。其中，俄罗斯多年冻土面积到21世纪末将减小32%±11%（RCP2.6）、49%±13%（RCP4.5）、55%±14%（RCP6.0）和76%±12%（RCP8.5）（Guo and Wang，2016）。多年冻土南界向极地显著北撤，在RCP8.5情景下，到21世纪末，仅东西伯利亚山地西部的多年冻土得以保留。在全球2℃变暖阈值下，俄罗斯多年冻土活动层厚度将平均增加0.48～0.52m，多年冻土融化导致的地面沉降量平均为5.0～16cm。冻土变化将加剧人类活动对其变化产生负面影响的应对费用。北极苔原地区有大约370个定居点，虽然这些定居点在北极的大部分地区相对较小，但俄罗斯北极地区一些城市人口超过10万人。因此，多年冻土变暖可能产生严重的社会经济后果，因为大部分现有基础设施将需要昂贵的工程措施来稳定冻土地基。同时，在环北极沿岸低洼地区还将加剧海岸侵蚀，进而对北极沿岸社区产生诸多不利影响。

气候变化对海冰灾害的形成至关重要。严寒冬季气候是海冰灾害形成主因。海冰灾害的形成首要条件是局部海域甚至大范围的严重冰封，而冰封形成的关键是长时间持续

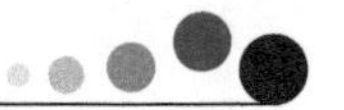

存在低温。同时，大量降雪可促使水温迅速降低并增加凝结核，使海水迅速结冰，接近冰点的海水中的雪可直接形成“糊状冰”或“黏冰”，降至冰面的雪，能促使海冰厚度增加。海冰的快速形成和增加，会增加港口、航运和海上钻井平台的安全隐患。相反，气温的快速升高和降水的形成，则加速了海冰的消融。夏季海冰厚度的快速减薄和范围的加速萎缩，有利的是航运时间的增多和航道数量的增加，不利的是将极大地影响北极地区动物栖息地的改变，以及中低纬度极端天气事件的增加。研究发现，中国南、北方区域极端低温频数下降趋势与全球变暖有关，极端低温频数的线性趋势与印度洋和北大西洋海温异常呈负相关，还与前期边缘海海冰特别是格陵兰 - 巴伦支海海冰异常呈正相关。对于北方区域，在年代际变化尺度上，极端低温事件偏多时，冬季北太平洋海温表现为北负南正的异常分布，格陵兰 - 巴伦支海海冰呈正异常。在年际变化尺度上，冬季北太平洋中部与北美西岸海域海温出现西负东正的异常分布，北美东岸海温表现为负异常，楚科奇海和新瓦尔巴群岛以北海区海冰呈负异常。对南方区域，在年代际变化尺度上，极端低温事件偏多与太平洋 10 年涛动（Pacific decadal oscillation，PDO）冷位相有关，并与格陵兰海和白令海海冰异常呈正相关，其他海区海冰异常呈负相关。在年际变化尺度上，前期阿拉斯加湾和白令海海区异常偏冷，对应着冬季南方区域极端低温事件偏多，另外还与冬季太平洋扇区海冰异常存在显著负相关。

思 考 题

1. 简述冰冻圈灾害成灾机理。

2. 简述全球冰冻圈灾害类型和时空特征。

3. 简述气候变化对冰冻圈灾害的主要影响。

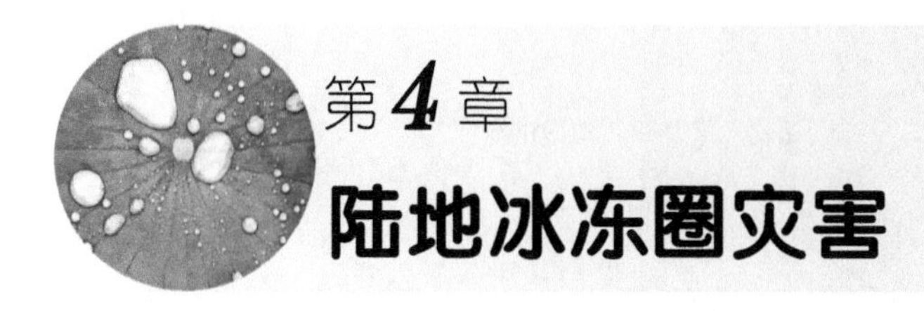

第4章 陆地冰冻圈灾害

冰冻圈灾害致灾事件发生在陆地表层，造成广泛的人员、经济或环境的损失和影响，称为陆地冰冻圈灾害，包括冰川灾害、冻土灾害、河湖冰灾害（以凌汛为主）和积雪灾害。冰川灾害可细分为冰川洪水、冰湖溃决、冰川跃动、冰崩、冰川泥石流。积雪灾害则主要包括融雪洪水、风吹雪、农牧区雪灾和雪崩灾害。

4.1 冰川灾害

4.1.1 冰川洪水

就组成成分来看，高寒山区河流一般由冰川融水、积雪融水、高山降水和地下水四种补给。冰川洪水是指由冰川融水为主要补给来源或由冰川融水和积雪融水为主要补给来源所形成的洪水。高寒山区单纯由冰川融水补给的河流很少见。因此，根据补给成分，冰川洪水可以分为两类：冰川消融型洪水、降水+冰川消融型混合洪水。

（1）冰川消融型洪水是季节性洪水，与气候季节变化密切相关。每年当气温回升到0℃以上，冰与雪融化成为液态水。太阳辐射越强、冰川面积和前期积雪厚度越大，则融化强度越大。由冰川融化的水一部分形成地表径流直接补给河流，另一部分通过下渗以浅层地下水的形式补给河流，形成春、夏季洪水。在春末及夏季少雨时段，持续的气温上升使得高山雪线和0℃温层上升明显，冰川大部分处于裸冰状态，冰面污化面发育，冰川大部分处于消融状态；此时，由于冰川表面融水增多，反照率降低（水的反照率比冰雪低），冰面消融增加，融水增加融冰水流汇集形成冰川消融洪水，雪线进一步上升。冰川消融型洪水的洪峰、洪量及洪水形态在相同的地质条件下，主要取决于冰川消融区的面积。洪水过程线缓慢连续上升，无明显暴涨暴落（图4.1），呈肥胖单峰型或双峰型。冰川消融型洪水流量与气温变化具有明显的同步关系。

冰雪洪水在全球中高纬地区和高山地区广泛分布，俄罗斯高加索、中亚、欧洲阿尔卑斯山、北美西海岸山脉等地最为普遍。在中国，冰川消融洪水主要分布在天山中段北坡的玛纳斯河流域地区，天山西段南坡的木扎尔特河、台兰河，西昆仑山喀拉喀什河，喀喇昆仑山叶尔羌河，祁连山西部的昌马河、党河，喜马拉雅山北坡雅鲁藏布江部分支流等。

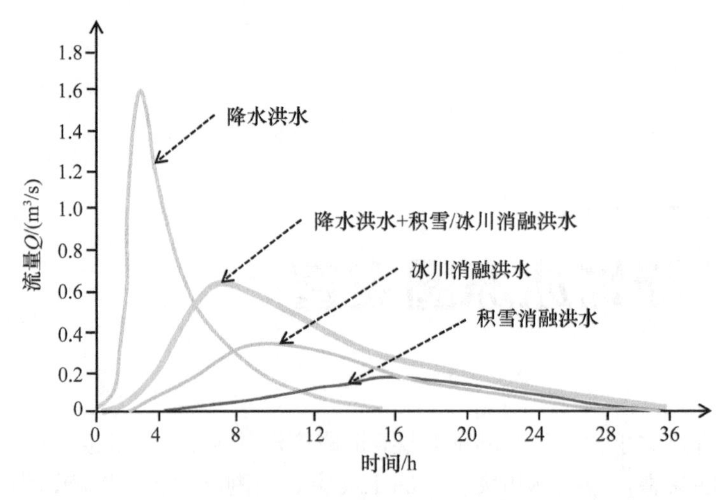

图 4.1 山区不同类型洪水过程

河流自高山流入平原，途中流经不同的地带，常会产生几种类型补给洪水的相互叠置，如在高寒山区河流中出现的降水径流与冰川消融径流混合而成的降水+冰川消融混合型洪水。

（2）降雨+冰川消融型混合洪水常常发生于盛夏。在高山地区或者中高纬度地区，前期长时间干旱、高温，使得冰川全面消融，一个大范围降水过程如果突然到来，产生大暴雨，暴雨产流与冰川融水产流汇合，形成洪水。洪水过程特征为暴雨洪水推高了高山冰雪融水的峰值；洪水起涨较冰雪融水型快，退水慢，过程线底部宽，峰高量大。这一类洪峰量取决于雨前气温及降水强度。降水前气温高，高温维持时间长，过程线底部宽，雨量大强度高形成洪峰陡立（图 4.1）。比较典型的例子为新疆伊犁河雅马渡站（43°37′N，81°48′E，906m）监测到 1969 年 5 月 24 日～6 月 10 日的混合洪水。洪水发生期，仅 3 天气温从 6.2℃上升到 20.4℃，超过当月平均气温 8.2℃，径流量从 555m³/s 上涨到 1593m³/s；此后，遭遇山区降水，乌拉斯台站（43°48′N，83°08′E，1440m）监测到降水量为 19.9mm，形成 1820m³/s 大洪水。洪水峰高量大，冲毁了许多水利工程，粮食损失 55 万 kg。

新疆天山、阿尔泰山等高山区分布有广大的冰川积雪，而多数大河均发源于高山，是降水+冰川消融型混合洪水多发区。混合洪水出现时间具有北疆早于南疆的特点，如发源于阿尔泰山的河流由于季节性积雪分布海拔低，雨季来得早，混合型洪水出现在 5～6 月，而 6 月产生灾害的混合洪水次数多。天山以南，由于雪线高，降水多在夏季 6～8 月，气温最高在 7～8 月，少数雪线较低的河流如开都河及源于帕米尔山区的克孜河洪水均出现在 6～8 月。

4.1.2 冰湖溃决洪水

冰湖是指在冰川作用区内与冰川有直接或间接联系的洼地积水，这种积水逐渐累积达到一定面积后形成的自然湖泊。与一般自然湖泊相比，冰湖多具有如下特征：①位于高寒山区，与冰川有着直接或间接联系，冰雪融水是冰湖的重要补给源；②规模小，为

0.001～10^2km^2，湖泊面积及蓄水量对气候变化敏感，既是一种珍贵的水资源，又是灾害的孕育者；③受补给水源影响，年内和年际的面积/水量变化大；④存在周期短，一般几个月到数十年。包括冰川阻塞湖、冰碛阻塞湖、冰面湖、冰下湖等。

突发洪水是 1974 年由国际水文科学协会（International Association of Hydrological Sciences，IAHS）定义为发生突然，通常难以预测，洪峰过程短促而径流模数较大的一种洪水。冰湖溃决洪水（glacier lake outburst flood，GLOF）是指在冰川作用区，由冰湖溃决产生的洪水。由于冰湖突然溃决而引发溃决洪水/泥石流，危害人民生命和财产安全并对自然和社会生态环境产生破坏性后果。冰湖溃决包括冰川阻塞湖、冰碛阻塞湖、冰面湖、冰内湖等冰川湖突发性洪水，最为常见的是冰碛湖溃决洪水和冰川湖溃决洪水。20 世纪 30 年代，冰岛冰川学家 Thörarinsson 对伐特纳冰冒下格里姆斯佛廷湖（Grimsvötn）突发洪水进行了较深入的研究，并把冰下湖突然排水现象称为 Jökulhlaup。1974 年 IAHS 出版了《突发洪水论文集》（*Flash Flood*），冰川湖突发洪水作为“突发洪水”的一个重要成因，被广大学者和民众所接受。我国对冰川湖突发洪水的研究始于 1985～1987 年对喀喇昆仑山叶尔羌河突发洪水的全面考察，《喀喇昆仑山叶尔羌河冰川湖突发洪水研究》的出版是我国学者对冰川洪水及冰湖溃决洪水研究的系统总结。之后，研究者对叶尔羌河冰川湖和位于吉尔吉斯斯坦境内的阿克苏河上游麦兹巴赫冰川湖突发洪水进行了监测和模拟。

冰湖溃决灾害在世界各地均有发生，喜马拉雅山、安第斯山、阿尔卑斯山和中亚、北美等地的冰川作用区是冰湖溃决灾害的多发区。自 20 世纪 30 年代以来，兴都库什-喜马拉雅山有记录的冰湖溃决灾害已呈增加趋势，到 2010 年，累计发生的溃决灾害超过 32 次，平均每年发生 0.46 次，尤其是 60 年代中期以来，平均每年发生 1 次冰湖溃决事件。在冰湖溃决灾害中，一般又以冰碛湖溃决洪水规模大、影响范围广，在相似规模的冰湖中，冰碛湖的溃决洪峰可能较冰川湖的洪峰要大 2～10 倍。由于冰碛（阻塞）湖突发洪水造成的灾害日益为人们所了解和重视，因此，对冰碛湖突发洪水的监测、模拟、危险性评估及减灾防灾，已成为国际冰川、水文学研究的重要内容。

1. 洪水特征与溃决机制

冰雪洪水多发生在冰雪消融期，而冰湖突发洪水在冬季也有发生。典型的冰湖溃决洪水发生在天山昆马力克河源区的麦兹巴赫湖（吉尔吉斯斯坦境内）。该湖自 20 世纪 50 年代以来，几乎每年爆发一次溃决洪水，洪水沿着萨雷贾兹河穿过天山汇入中国境内阿克苏河。结合阿克苏河上游协合拉水文站 1956～2005 年的 51 次溃决洪水事件记录，麦兹巴赫湖溃决洪水发生的时间呈现出复杂性：大部分自然年发生一次溃决洪水，个别年份没有发生洪水（1960 年、1962 年、1977 年、1979 年），而有的年份发生两次（1956 年、1963 年、1966 年、1978 年、1980 年）；大多数溃决洪水发生夏末秋初（7～9 月），8 月最多，7 月次之，但 1～4 月没有洪水发生，5 月和 12 月洪峰次数不多（图 4.2）。

喀喇昆仑山叶尔羌河灾害性突发洪水系由冰川阻塞湖泄洪所致。在喀喇昆仑北坡与克勒青河河谷呈正交的冰川，由于有 4、5 条冰川下伸到主河谷阻塞冰川融水的下排，包括克亚吉尔冰川、特拉木坎力冰川、迦雪布鲁姆冰川等，经常形成冰川阻塞湖，当冰坝被浮起或冰下排水道打开，就会发生冰湖溃决洪水。例如，1998 年 11 月 5 日发生的突然洪

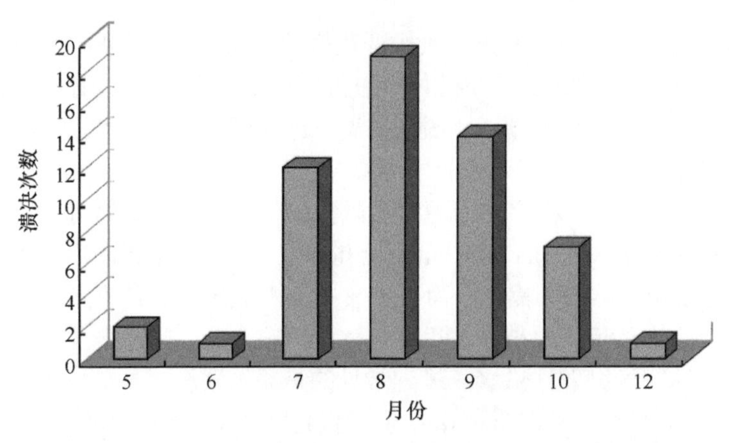

图 4.2 1902～2011 年有记录的 44 年麦兹巴赫湖洪水事件发生的月份

水是卡群站记录的过去 60 年冬季的最大洪水，在 2 小时内流量从 87m³/s 突然增大到洪峰流量 1850m³/s；1999 年 8 月 10 日发生的突发洪水是卡群站 60 年来实测到的第二大洪水，当时河流处于汛期，在 18 个小时内流量从 1100m³/s 急剧增大到洪峰流量 6070m³/s，洪水分割后得知此次洪水水量达 16800 万 m³。叶尔羌河冰川突发洪水没有像麦兹巴赫湖一样几乎每年爆发一次，1971～2002 年共发生 11 次冰湖溃决洪水，溃决重现周期为 0～10 年（表 4.1）。总体看来，以 20 世纪 80 年代爆发次数最多，80 年代初期至中期爆发最为频发，几乎每年爆发一次溃决洪水；年内分配上，溃决洪水发生在 8～11 月，其中一半以上的溃决洪水发生在 8 月，迟于年内最高气温出现日期（7 月）。

表 4.1 近 30 年卡群站冰湖突发洪水记录（沈永平等，2004）

溃决时间	洪峰流量/（m³/s）	净洪量/亿 m³	距上次溃决间隔时间/年
1971 年 8 月 2 日	4570	0.699	
1978 年 9 月 6 日	4700	1.037	7
1980 年.9 月 6 日	802	0.226	1
198 年 11 月 16 日	856	0.299	1
198 年 10 月 28 日	854	0.425	0
1984 年 8 月 30 日	4570	1.027	0
1986 年 8 月 14 日	1980	0.392	1
1997 年 8 月 3 日	4040	0.85	10
1998 年 11 月 5 日	1850	0.854	0
1999 年 8 月 11 日	6070	1.41	0
2002 年 8 月 13 日	4550		2

由此可见，无论是冰川前进堵塞主河谷蓄水成湖，如喀喇昆仑山克亚吉尔冰川阻塞克勒青河谷形成的克亚吉尔冰川阻塞湖，或者由于支冰川快速退缩与主冰川分离，在支冰川空出的冰蚀谷地中，由主冰川阻塞而形成的冰川阻塞湖，如天山地区的库马拉克河

上游的麦茨巴赫湖等，都是以冰川冰体作为坝体拦河蓄水，其溃决的机制与冰川坝的活动密切相关。洪水在时间上的不确定性和突发性，给洪水预报和防洪减灾带来极大的困难。但冰川湖准规律性地以突发性洪水形式向外排水，这一现象说明冰川阻塞湖系统受某一临界条件所控制。在这个系统中，当湖水蓄积达到一定水深（或者水压）时，冰下水流则很可能冲破冰坝，形成突发洪水。由于洪水期湖水位快速下降与蓄水期湖水位的缓慢上升交替出现，每一溃决周期都经历“蓄水—水位升高—达到临界水位—溃决—再蓄水”的过程（图 4.3），蓄水期可能持续几个月、几年或几十年，溃决期可能持续从数小时到数周。从长期来看，湖水位的变化呈现锯齿状周期循环，一般湖水位变化是控制冰川阻塞湖是否溃决的关键因子。

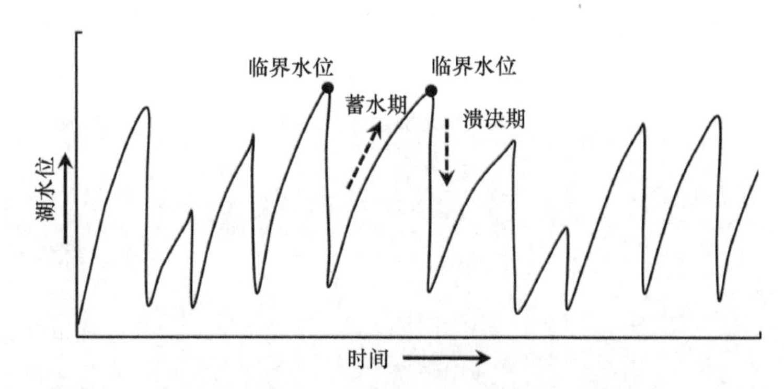

图 4.3　典型冰川阻塞湖湖水位变化的时间系列

注：每一溃决周期都经历“蓄水—水位升高—达到临界水位—溃决—再蓄水”过程

关于冰川阻塞湖突发洪水的排水机制问题，概括起来主要有以下几种结论：①当湖水水深达到冰坝高度的 9/10 时，在湖水巨大的静压力作用下冰坝浮起造成冰坝断裂冰湖排水；②冰川在运动和消融过程中，在冰面、冰内及冰下形成纵横交错的排水通道。当湖水水位升高时，这三层排水通道建立水力联系，在静压力和热动力作用下，湖水沿冰川边缘或冰床底原生水道排出，并且这些水道在水流热力融蚀作用下，其断面面积不断扩大，加速了排水过程。由于冰川冰的塑性变形作用，当冰川排水道的收缩率大于湖水对冰川排水道热力融蚀扩张率时，冰川排水道的断面不断收缩以至完全闭合，排水量也逐渐减少直到断流，冰川阻塞湖突发性排水过程暂告结束；③冰坝在净水压力和冰川流动产生的剪切应力作用下，湖水沿冰裂隙或冰层断裂处向外排泄；④由于地震、火山爆发或地热作用致使冰坝崩塌、融化造成冰湖溃决（突发排水）。上述 4 种原因并不是孤立存在，造成冰川阻塞湖突发排水（溃决）原因可能是上述一种因素为主其余为辅、综合作用的结果。对于多数冰川阻塞湖来说，可以发生多次冰湖突发性洪水，有时甚至一年连续发生两次。与冰碛阻塞湖主要在盛夏或初秋发生溃决不同，冰川阻塞湖一年四季都可能发生突发性洪水，如新疆的叶尔羌河、麦茨巴赫湖等，深秋或隆冬季节都偶有特大洪水发生，这可能与冰川阻塞湖溃决原因的复杂性有关。

2. 溃决洪水监测与预报

考察发现，天山麦兹巴赫湖下湖在蓄水期有大量浮冰漂浮（图 4.4），被认为是由于水体连续撞击湖冰坝和湖体边缘冰川，导致冰坝和边缘冰川破裂所致，且浮冰的存在及其运动对坝体的撞击有可能加速湖体的溃决，溃决后会在坝体前端残留大量浮冰。因此，浮冰的出现成为冰湖突发洪水发生前的重要特征。依据溃决时湖体的特征及浮冰面积和湖体总面积的变化与湖体溃决的密切关系，可确定浮冰面积与湖体溃决的关系指数，即麦兹巴赫湖洪水溃决指数：

$$\text{Index}=(X_{i+1}-X_i)/(Y_{i+1}-Y_i) \quad (4.1)$$

式中，X_i、X_{i+1} 分别为当天遥感影像获取的浮冰面积和下一次遥感影像获取的浮冰面积；Y_i、Y_{i+1} 分别为当天遥感影像获取的湖体总面积和下一次遥感影像获取的湖体总面积。

图 4.4　麦兹巴赫下游湖溃决后的碎冰

由式（4.1）计算得到 2009 年、2010 年两年的湖体溃决指数图（图 4.5）。浅蓝色区域指数图表现为上升趋势，浮冰面积变化的速率比湖面面积快，表明冰湖处于快速冰崩期；此后，蓝色区域和红色区域指数图表现为下降趋势，这个时期，湖面面积变化速率明显比浮冰面积变化快，冰湖进入快速蓄水期。但在红色区域，溃决指数由正转变为负，此时表明湖面面积在减小，说明湖体的入水量小于出水量，也意味着洪水正在发生，只是不一定达到最大洪峰值，故这个期间预警将是最佳选择。在黄色区域，由于部分浮冰随洪水流失且浮冰随湖面减少而更加密集，浮冰面积也存在一定程度的减少，溃决指数再次表现为正，突发洪水进入后期。

通过分析这两年溃决指数图得知，麦兹巴赫湖溃决指数图对于湖体溃决全过程有着很好的指示作用，湖体从蓄水到完全溃决结束按照指数曲线可划分为四个阶段：快速冰崩期、快速蓄水期、溃决预警期和溃决后期。而对于湖体溃决的预警，最关键的还是溃决预警期的确定。结合上述两年溃决指数图的分析和野外观测研究，判定当湖体的面积大于 3km^2 且溃决指数小于 0.5 时，湖体进入溃决预警期，湖体即将在 5～9 天内溃决。该实验推测具体溃决日期的方法是溃决日期在溃决指数负值最大值到第一个正值之间。由图 4.5 可知，2009 年溃决发生在 7 月 30 日，2010 年溃决发生在 7 月 15 日，这个结论和这两年野外观测得到的溃决日期相符。

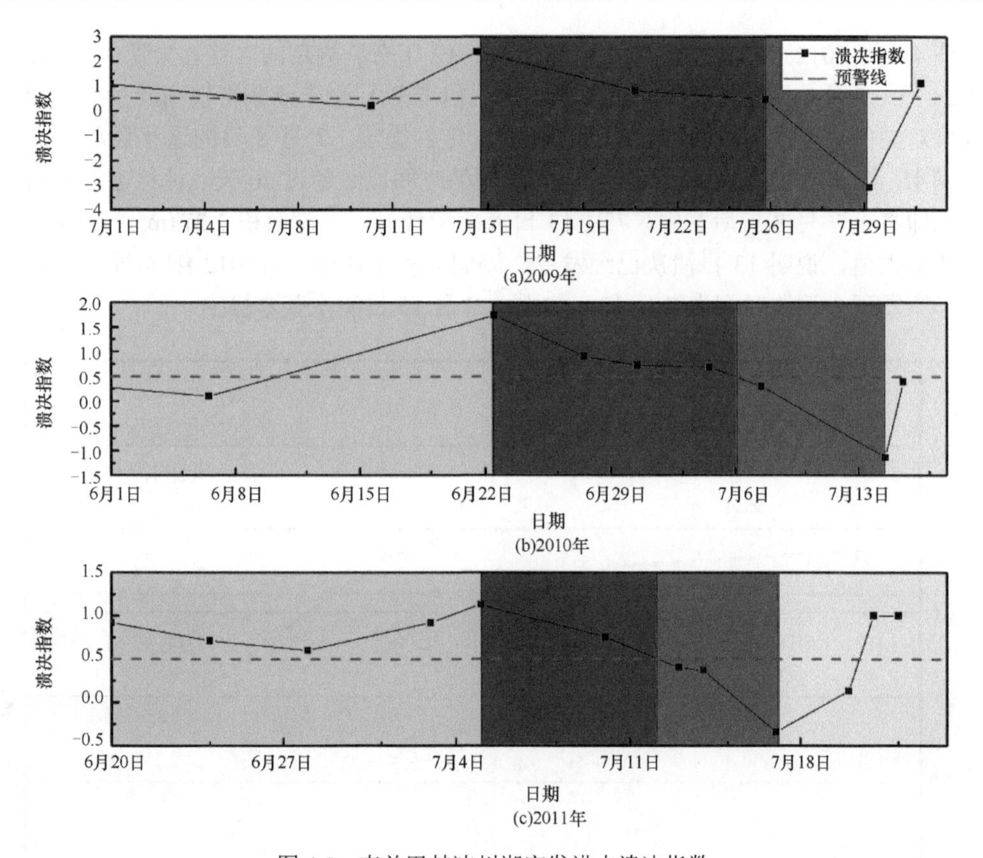

图 4.5　麦兹巴赫冰川湖突发洪水溃决指数

注：浅蓝色区域为冰湖的快速冰崩期，蓝绿色区域为冰湖的快速蓄水期，紫色区域为冰湖的溃决预警区，黄色区域为冰湖的溃决后期

利用上述提出的指数公式和溃决预警期的判定对 2011 年麦兹巴赫湖溃决事件进行了预警，并验证了本方法对麦兹巴赫湖溃决预警的可行性与有效性。首先从 2011 年 6 月开始利用环境减灾卫星数据对冰湖进行实时监测，并利用提取的冰湖面积信息计算溃决指数。由 2011 年冰湖洪水溃决指数图得，2011 年 7 月 13 日的湖体面积为 3.3km^2，溃决指数为 0.4，指示 7 月 13 日麦兹巴赫湖洪水过程已经进入了溃决预警期。按照以前的分析与经验判定，该湖体应在 5～9 天内溃决即 7 月 18～22 日。从 2011 年麦兹巴赫湖溃决指数图（图 4.5）可见，麦兹巴赫湖从 7 月 17 日开始，溃决指数达到负值最大值，再结合本方法推测溃决日期，即 2011 年溃决日期在 7 月 17～20 日。野外验证证实，麦兹巴赫湖于 7 月 19 日溃决，7 月 21 日溃决一空。此外，表 4.2 表明，快速蓄水期时间在 8～16 天，预警期的天数为 6～7 天，表明了预警期的稳定性。

表 4.2　快速蓄水期、溃决预警期天数统计

年份	快速蓄水期/天	预警期/天
2009	11	6
2010	16	7
2011	8	7

图 4.6 为 2012 年冰湖洪水溃决指数图。2012 年在监测期间内遥感影像受云的影响，6 月 24 日～7 月 7 日未能获得遥感影像，7 月 13 日以后也未能获得较高质量的影像，这些因素对湖的突发洪水溃决指数的连续性有一定的影响。7 月 8 日的遥感显示，整个湖体充满水，湖水蔓延到冰坝上。此外，汇水期的时间已经超过 20 天，种种迹象表明，溃决洪水即将于 7 月 8 日后发生。7 月 13 日遥感影像显示下湖面积 2.27km^2，溃决指数达到负值最大值，说明 13 日溃决已经发生，湖面面积正在缩小。2012 年 8 月，对麦兹巴赫湖考察发现，溃决时间为 7 月 12～13 日，7 月 15 日湖水基本排空。

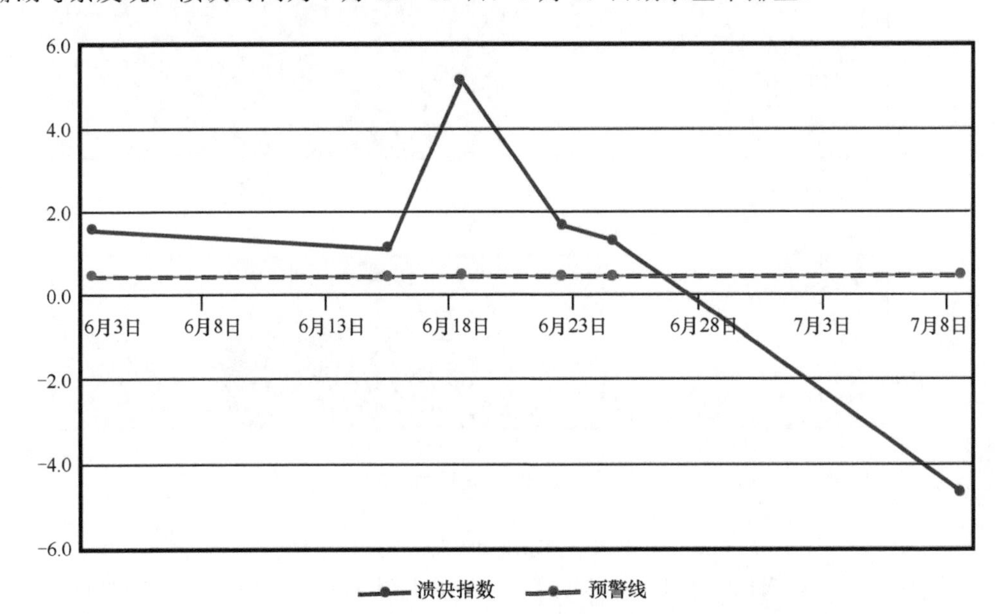

图 4.6 2012 年麦兹巴赫冰湖洪水溃决指数图

总之，2011 年、2012 年麦兹巴赫湖溃决事件的成功预警验证了该方法的可行性和有效性，有望以浮冰面积与湖体溃决的关系指数为基础建立对麦兹巴赫湖的信息动态实时监测，对冰湖进行溃决洪水预报。

3. 冰湖溃决危险性评价

由于冰湖大多分布在人迹罕至的高寒山区，除了少数的冰湖开展过实地调查外，大部分的冰湖调查工作是通过遥感方法（包括地面摄影、航空摄影、光学遥感和微波遥感）进行的。首先，需对冰湖进行识别。可见光遥感在冰川湖和冰碛阻塞湖的研究中应用最为广泛。水体、冰体与周围地物的光谱特征有明显的差异，因此通过可见光遥感方法可以较容易地对冰湖进行识别。其中归一化水体指数（NDWI）的方法及波段比值法应用较广，如利用 Landsat TM/ETM+的近红外波段（Band4：0.76～0.90μm）和蓝光波段（Band1：0.45～0.52μm）计算水体指数来区分水体和冰雪，取得了较好的效果。例如，基于比值法利用 ASTER 的第 1 波段（0.52～0.60μm）和第 4 波段（1.60～1.70μm）遥感影像识别了我国喜马拉雅山地区的冰湖。在冰川内部湖泊（subglacial lake，englacial lake）的调查中，雷达遥感是最主要的手段，如南极的很多冰盖下的湖泊都是通过雷达技术发现的。

冰湖调查除了需要获得冰湖的位置和范围信息外，有时候还需要对冰湖的深度、湖水储量、冰湖阻塞坝体和冰湖周围环境进行调查，如利用 SPOT-5 HRG 制作茨巴赫冰川的湖盆地形，并建立其面积-蓄水量统计关系。坝体对冰湖的稳定性十分重要，是冰湖调查中的一项重要内容。基于遥感方法的冰碛湖坝体的调查可分为两类：①通过定性的方法来判断坝体的物质组成，如利用可见光遥感数据，通过坝体形状来判断是否含有冰体，如坝体呈圆形，则坝体内含有冰的可能性大，如果呈棱形则含冰的可能性小；②定量的探测主要通过探地雷达进行，可获取冰碛坝的孔隙率和含冰量等内部结构信息。除此之外，遥感方法还可用于调查与冰湖相关的冰川末端的运动，冰舌末端的纹理、冰湖上游的岩崩发育环境和冰川下游的岩屑覆盖情况。

对于冰湖的编目，国际上提出分层次开展冰湖编目，如将冰湖监测分为三个层次，即①大范围的冰湖本底调查，提供基本的冰湖的位置、面积及其变化信息；②为了从调查获得的冰湖中鉴定出“潜在的危险性冰湖”，冰湖调查需要提供必要的参数；③为了对鉴定出来的“潜在危险性冰湖”进行更加详细的危险性分析，冰湖调查需要提供更加详细的参数。冰湖编目介于第一层次和第二层次的冰湖调查，其主要目的是获取冰湖分布信息，并为鉴定“潜在危险性冰湖”提供必要的参数。

冰湖溃决所需条件主要包括两方面：一是外力条件，即是否具有促使冰湖发生溃决的动力条件，如气候的波动、地质构造活动等；二是冰湖本身的条件是否达到溃决边界条件。对冰碛湖潜在危险性评价，主要针对冰碛参数、冰碛坝参数、母冰川、冰湖盆参数及湖-坝关系等指标进行（图 4.7），而这些危险性评价指标，根据溃决指标描述和使用的数据类型，大致可分为定性、半定量和定量三类。

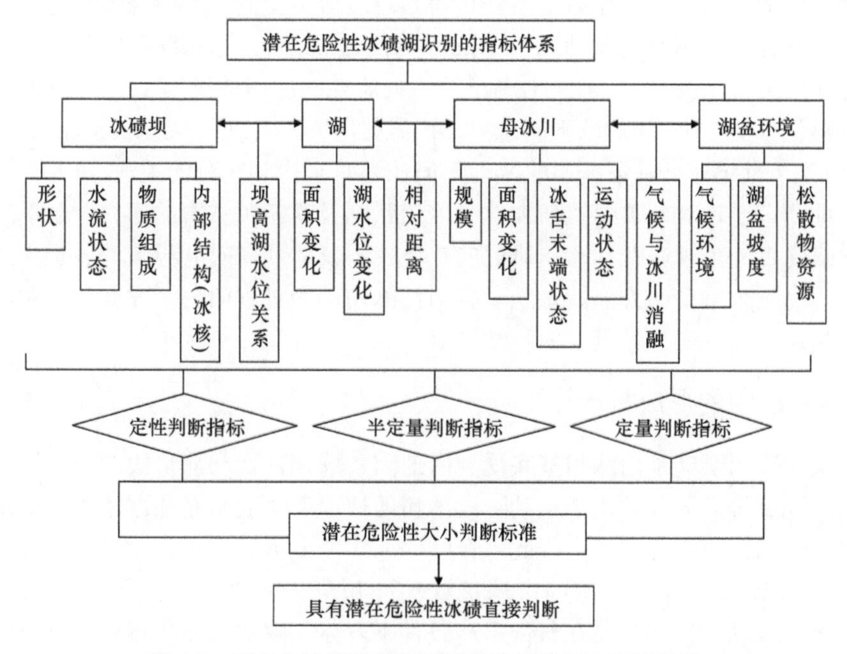

图 4.7 潜在危险性冰碛湖判断的指标体系及相互关系

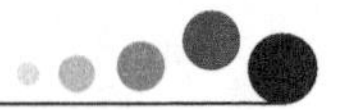

影响冰湖溃决的因素很多，识别冰川终碛湖溃决的危险性需要综合分析各影响因子，建立合理反映客观实际的判别模式。根据曾经爆发的冰湖溃决事件的环境背景，目前已经发展了比较多的分析方法，如直接判别法、危险性指数法、冰碛湖溃决概率模型等。最终，形成对冰湖溃决的可能性评估，包括“不可能”、“非常低”…“非常高”等等级。

4. 冰湖溃决洪水灾害的防治

减缓冰湖溃决风险的措施包括：被动避灾和主动排灾。被动避灾主要有建立冰湖溃决预警系统和风险区潜在灾民转移安置等。冰湖溃决灾害预警系统一般由三部分组成：水位监测传感器、信号收发站和信号预警系统，如在尼泊尔的 Rolpa 和 Tama Koshi 谷地、不丹 Lunana 地区等都安装有冰碛湖溃决预警系统。

总结目前国内外的主动排灾的工程措施，主要有：①开挖坝堤泄洪；②挖洞泄洪；③加固坝堤；④在冰湖下游新修水库蓄洪；⑤虹吸或水泵排水；⑥多种方法结合。以上方法分别在喜马拉雅、安第斯山及阿尔卑斯山等的冰碛湖排险中得到应用，如 1995 年尼泊尔对 Tsho Rolpa 湖用三根虹吸管排水，但排水速度慢（170L/s），1996 年部分虹吸管破裂，致使这种方式排险失败；2000 年开挖泄洪道（泄洪道长 70m，宽 4.2m，深 3m），最后使得湖水位下降了 3m。

4.1.3 冰川跃动

根据《冰川学辞典》（Kotlyakov and Smolyarova，1990）和《冰冻圈科学辞典》（秦大河等，2016）的定义，冰川跃动（glacier surge）是因冰川动力系统的不稳定性而产生的周期性急剧加速移动，使冰体重新分布而其总质量不变的一类特殊冰川运动现象，具有以上运动特征的冰川称为跃动冰川（surge-type glacier）。冰川跃动常与冰崩、洪水、泥石流等冰川灾害相关联，早期常被称之为“灾难性的冰川前进”。最早发现的冰川跃动事件是史料记载的 1599 年的欧洲阿尔卑斯山维拉特费纳冰川（Veragtfernar Glacier）的跃动，以及 17 世纪冰岛几条冰川的跃动，但在当时未得到充分的关注。19 世纪末至 20 世纪中叶期间，通过对北美阿拉斯加地区冰川跃动及其相关灾害的研究，跃动冰川才引起冰川学研究者的重视。跃动冰川研究的重要性不仅体现在对其导致的各类灾害事件的防治方面，另一个重要的方面就是跃动冰川在冰川动力过程研究，尤其是冰川不稳定性和快速冰川运动机制等方面具有的科学价值。

1. 冰川跃动的形成机理

一般认为冰川跃动是由冰川基底受到内部因素周期性扰动而形成的，与外部因素（如气候变化、地震等）无关。由于跃动阶段冰川的快速运动通常是在冰下水的润滑作用下冰川基底发生的快速滑动导致，因此水在跃动冰川的发展演化过程中具有重要作用。较早的研究按气候分区和冰下水的来源把跃动冰川分为两大类：一类为斯瓦尔巴德型（Svalbard-type）跃动冰川，是在气候寒冷条件下，冰川物质不断积累使冰下压力增高发生压融产生冰下融水，并润滑冰川导致跃动；另一类为阿拉斯加型（Alaska-type）跃动冰川，是在气候较温暖条件下由冰川融水通过裂隙等向下迁移形成冰下水，致使冰下静水压力升高，同时对冰川运动产生润滑作用，导致冰川跃动的发生，但后期研究发现同一或邻近地区两种类型的跃动冰川有共存现象。此外，部分研究者通过研究还发现冰川底碛（till）的存在、变形及其与冰下水力过程的相互作用是决定跃动冰川形成发育的一个重要条件，但由于观测难度较大而没有获得广泛证实。因此，目前国际上对跃动冰川的形成机制上没有形成统一的认识，相关理论还处于不断的研究和证实当中。

2. 冰川跃动的运动特征和地理分布

跃动冰川在两次跃动之间的时间称为跃动周期（surge cycle），包括两个阶段，谢自楚和刘潮海分别将其翻译为跃动阶段和恢复阶段，或分别称跃动/活动相（surge/active phase）和平静相（quiesent phase）。跃动阶段时间长度从数月至数年不等，部分冰川达到十几年，其特征为：冰川运动以底部滑动为主，冰川运动速度较常规冰川超出数十倍至数百倍，并导致冰川表面严重破碎化；冰川物质从上部积蓄区（reservoir area）快速运移到下部接收区（receiving area）；部分冰川末端产生快速前进，在下游有工程设施的情况下造成破坏；部分具备特殊地质地形和动力条件的跃动冰川末端会失稳而崩塌并导致大范围冰崩，或因内部储水快速释放产生洪水而形成灾害。恢复阶段时间长度从数十年至数百年不等，其特征为：冰川运动以蠕变为主，运动速度非常缓慢或接近停滞状态；积蓄区因冰川物质缓慢积累而升高，接收区因跃动期的破碎化而强烈消融，表面高程快速下降，部分冰川末端出现快速后退。

根据前人的研究，跃动冰川倾向于分布在构造运动较活跃、并以较易侵蚀的岩层为主的地区。依据 Jiskoot 等的估计，跃动冰川在全球冰川中所占比例仅为1%左右，然而除少数山系之外，全球各主要冰川分布区均可见到跃动冰川的踪迹，如中亚喀喇昆仑山和帕米尔高原、天山、北欧斯瓦尔巴德群岛、冰岛、格陵兰岛、北美地区阿拉斯加和育空地区，以及加拿大北极地区和南美安第斯山等，甚至西南极部分冰流也被认为曾处于跃动状态。

最新的 Randolph 全球冰川编目（5.0 以后版本）对全球跃动冰川进行了统计。根据这一统计，全球目前确定已知的跃动冰川有 1343 条，其中可能的（possible）跃动冰川有 511 条，很可能的（probable）跃动冰川有 384 条，观测到跃动的（observed）跃动冰川有 448 条，另外还有 42515 条冰川虽然没有直接的证据（no evidence）证明是跃动冰川，但也有一定的可能性为跃动冰川。全球不同等级跃动冰川的分布见图 4.8。

我国绝大部分跃动冰川分布在喀喇昆仑、帕米尔高原和西昆仑山等地区，青藏高原部分区域及其周边地区也分布有跃动冰川。在中国境内具有不同跃动可能性的跃动冰川总数为1659 条，但其中只有 11 条的等级为可能、很可能和有观测支持，其他均为疑似跃动冰川。

3. 冰川跃动的灾害效应

冰川跃动现象是导致冰川灾害的主要原因之一，如 2002 年高加索 Kolka 冰川的跃动引发的巨大冰川泥石流灾害，造成了至少 100 人的死亡。阿拉斯加哈勃冰川（Hubbard Glacier）分别于 1986 年和 2002 年发生跃动并阻塞了拉塞尔峡湾（Russell Fjord），分别

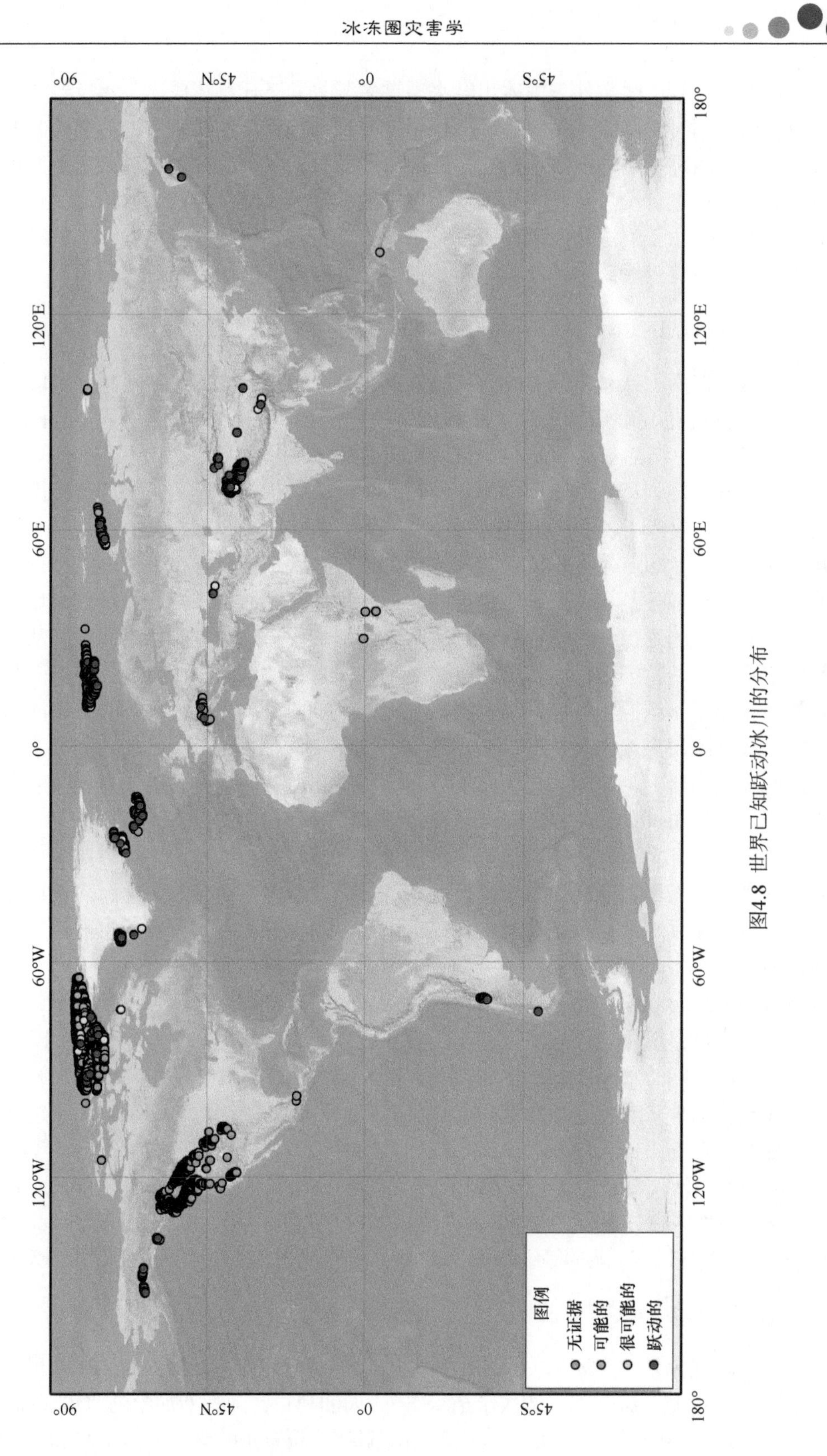

图4.8 世界已知跃动冰川的分布

形成水量达 5km^3 和 3km^3 的溃决洪水。塔吉克斯坦帕米尔高原的熊冰川（Medvezhiy Glacier）在 1963～2011 年发生 5 次跃动，多次阻塞下游 Abdukagor 河河道形成堰塞湖，最大导致了 0.02km^3 的溃决洪水，造成下游基础设施的破坏。

我国冰川跃动事件导致的灾害也频繁发生，如藏东南南迦巴瓦峰西坡则隆弄冰川曾多次发生跃动并堵塞雅鲁藏布江，其中 1950 年跃动形成的冰川泥石流灾害还造成了 97 人死亡，而相邻的岗日嘎布山北坡米堆冰川 1988 年的跃动导致末端冰碛湖溃决，也造成了 5 人死亡和其他财产损失。喀喇昆仑山克勒青河谷的特拉木坎力冰川和克亚吉尔冰川曾因多次前进，阻塞河谷形成堰塞湖和溃决洪水，2009 年前后克亚吉尔冰川再次快速前进，阻塞了克勒青河，形成的冰川阻塞湖于 2009 年 8 月溃决，形成最大流量 1680m^3/s 的洪水。

2015 年以来我国冰川跃动灾害事件的发生频率明显增大。2015 年 5 月新疆公格尔山北坡克拉亚伊拉克冰川发生跃动，导致多间牧民房屋被毁，上万亩草场被毁。2016 年西藏阿里地区日土县阿汝错西岸的两条冰川在三个月内先后因跃动而导致大面积冰崩，不仅掩埋了大面积草场和牲畜，而且第一次冰崩还造成了 9 名当地牧民的死亡，轰动了国际冰川学界，也引起中国社会各界的关注。紧随其后的 2016 年 10 月，青海阿尼玛卿山西坡青龙沟的一条冰川也因跃动而导致崩塌，造成新修道路、桥梁的破坏和大面积草场的掩埋，令人惊讶的是这次冰崩是该条冰川在 2000 年以来发生的第三次冰崩。在全球气候变暖的背景下，跃动冰川事件及其相关灾害的发生可能会更加频繁。

4. 冰川跃动灾害的预报

如前所述，目前学术界对于冰川跃动形成机制的认识还很有限，但由于冰川跃动具有周期性重复发生的特征，因此通过对历史时期已经发生的冰川跃动事件的遥感调查，可以了解到跃动周期较短（小于 50 年）的跃动冰川的分布，并采用遥感与地面观测相结合的方式对这些跃动冰川进行密集监测，掌握其最新的动态，从而实现对可能发生冰川跃动事件的预警预报，避免相关灾害的发生。对于跃动周期较长、从历史资料中无法辨别其前一次跃动的跃动冰川，以及由于气候变化对冰川动力过程的改变而形成的新跃动冰川，目前只能通过大范围的连续遥感监测，以冰川末端位置和表面运动速度的变化为主要标志，对可能发生的冰川跃动事件进行预报。

4.1.4　冰崩灾害

1. 冰崩灾害内涵及其分类

冰崩是重力作用下冰川前端发生的冰体瞬间崩落事件，有时也会发生在冰川中上部。冰体沿斜坡坠落至山谷人类聚居区可形成突发性灾难。鉴于冰崩多发生在悬冰川，根据冰崩始发区地形将冰崩分为斜坡式（ramp-type）和悬崖式（cliff-type）冰崩两类（图 4.9）。斜坡式冰崩一般发生在冰川前端一定距离，冰崩危害较大。斜坡式冰崩还可以根据冰温进行进一步划分。冷冰冻结到冰床也更为坚固，移动更为困难，因此它可以在冰崩发生前存在于较陡的山坡，暖冰发生冰崩时坡度则相对较小。悬崖式冰崩发生在悬冰川冰床明显突变处（坡度突然增大）或在悬崖边，冰体所在区域坡度较小，崩塌冰体较小，其危害性也小。悬崖式冰崩有时亦称楔式冰崩（wedge failure）和前端块状崩塌（frontal block failure）。

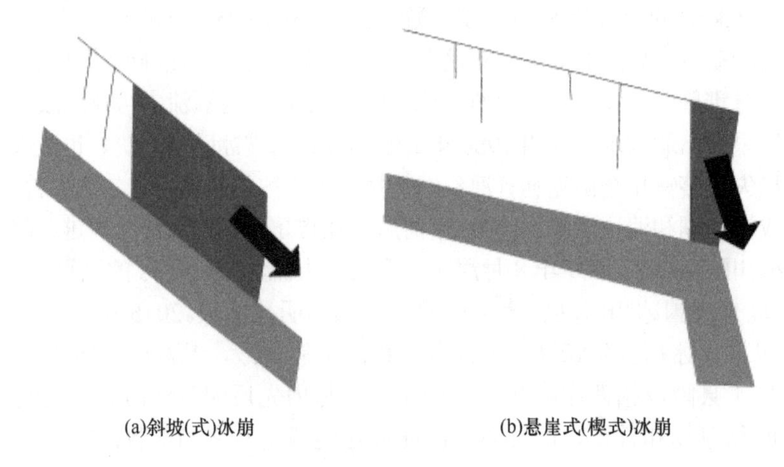

(a)斜坡(式)冰崩　　(b)悬崖式(楔式)冰崩

图 4.9　冰崩类型

冰崩常多发生在冰川末端，但有时也会发生在冰川的前端，即冰川发育区。例如，2016年7月17日和9月21日，西藏自治区阿里地区阿汝错湖区连续发生了两次冰崩巨灾，给当地群众的生命财产安全造成了重大损失，也给周边地区的生态环境带来了严重的破坏。两次冰崩均发生在冰川前端，即发育区。在发育区的冰川体发生断裂或崩塌后，冰川整体发生运动，规模巨大的冰崩体迅速滑坠进入下游，对所经之处及下游地区造成重大灾害。

2. 冰崩成因

与雪崩相比，冰崩一般局限于偏远的冰川地区，而雪崩则主要发生在人类聚居山区，因此其研究也相对较少。冰崩发生时间较雪崩更快，在几分钟就便可行进数千米。冰崩通常发生在陡坡，且多为冰川下部冻土退化、冰体温度升高的结果。山地冰川前进、冰床坡度增大、地震，以及冰内和雪层融水与冰床冻融相结合等因素均会激发山谷冰川末端冰崩事件的发生。在地震过程中，冰川出现断裂，当裂缝完全贯穿整个冰川的横截面，那么断裂的下段冰川处于非稳态平衡状态，在余震的持续干扰下，这部分冰川直接滑坠，形成冰崩。同时，在地热活动加剧的影响下，冰川与冰床连接界面的冰面出现一定程度的融化，融化后的这部分水体在交界面形成薄的水膜，削弱了冰川与冰床之间的连接，水膜的润滑作用减小了二者之间的摩擦，从而引发冰川纵向失衡，进而也会出现大规模的冰崩。冰崩发生的最大因素是冰体的稳定性，其稳定性主要有冰体本身和基岩坡度决定。已有研究表明：温冰川约在30°坡度时变得不稳定，而冷冰川约在45°变得不稳定。当然，冰裂隙的分布与发展及其冰体速度也将影响冰崩的发生。一般来说，一旦发生冰崩，那么它将会以同样的方式再次发生。

气候变化的影响，则是在近几十年全球气候变暖趋势日益严峻的背景下，被逐渐发现可能是引发冰崩灾害的深层原因。气候变暖在冰川发育区的影响，主要体现在“增暖变湿”，“增暖”会引起冰川冻土融化，在冰川表面形成更多的断裂；“变湿”则是会加剧冰川的物质积累，使得冰川运动速度加快。在全球气候变暖尤其“厄尔尼诺”现象的背景下，在过去千百万年缓慢运动的冰川出现大幅度的剧烈运动，形成灾难性的冰崩现象，气候变化可能正是这种剧烈运动的触发因素。

3. 冰崩灾害影响

冰崩多伴随岩崩、雪崩或冰湖溃决事件同时发生，形成灾害链，可对远距离的承灾体造成破坏，危及山谷居民聚居区的人身安全和财产。冰崩灾害主要发生在斯堪的纳维亚和中欧地区。冰崩可能会阻塞河谷形成阻塞湖，或触发冰湖溃决。冰崩触发冰碛湖溃决灾害的严重性已在秘鲁布兰卡山脉（Cordillera Blanca，Peru）和加拿大科迪勒拉山脉（the Canadian Cordillera）区域多有记录和研究。例如，1962 年 1 月 10 日，秘鲁最高峰瓦斯卡拉山（Huascaran）的一次冰崩和岩崩灾害波及下游 9 个村镇，其中，兰拉赫卡村完全被摧毁，使 4000 人罹难。1965 年 8 月 30 日，位于瑞士南部阿尔卑斯山的萨斯山谷的马特马克水坝（水电站水库）施工现场发生奥安林（Allalin）冰川冰崩，导致 88 名工人死亡。2002 年 9 月 20 日，俄罗斯高加索奥塞梯北部科卡（Kolka）冰川发生大规模的冰/岩崩泥石流灾害，泥石流冲向下游 12km 外的村落，估计冰体达 120 亿 m^3，河谷两岸 100m 高以内的道路、通信设备及草地均被扫光，并导致下游村庄部分被埋，130 名村民罹难。2015 年 5 月，新疆帕米尔高原公格尔九别峰，发生冰川跃动和冰崩，此次冰崩虽没有造成人员伤亡，但周边 10km^2 草场、上百头牲畜被掩埋。此次冰崩体长度长约 20km，平均宽度 1km，体积约 5 亿 m^3。

4. 冰崩灾害的防治

冰崩灾害危险性等级划分与雪崩类同。但相比雪崩，冰崩发生更具随机性，极端冰崩灾害重现期的确定显得更为困难。为研究冰崩发生机理和运动过程，采用模型重建冰崩过程是很重要的一项技术。在考虑统计参数、GIS 模型技术和遥感方法基础上，Salzmann 等（2004）建立了一个由潜在危险性冰川判别、潜在灾害区评价、详细调查组成的冰崩危险评价方法，该方法可为一个区域存在潜在风险的陡峭冰川及其抛出路径进行一次快速而系统的（first-order mapping）制图。

冰崩体在运动过程中，不仅会与冰床发生基底摩擦，而且其内部的物质组成也持续变化，冰体、冰碛、融水之间的相互作用非常复杂，同时运动底面的曲率等也在发生变化。因此，现有冰崩动力学模型都是在质量守恒、动量守恒及能量守恒三大定律的基础上，加上一定的简化和假设建立的，只能描述冰崩的部分特有现象。不同研究者往往侧重考虑描述不同现象的冰崩过程，进而提出了各种描述冰崩过程的动力学模型。其中，RAMMS 模型最为典型。该模型是建立在数字地形模型（DTM）上的动力学模型，借助 Voellmy-Coulomb 模型来模拟摩擦过程，考虑运动界面在发生变化，建立质量和能量守恒方程，采用数值分析方法来求解以上建立的方程，并通过可视化手段来二维或三维显示运动过程的轨迹、距离及速度等。该模型适用于冰崩、雪崩、泥石流、滑坡等多种地质灾害的模拟及风险评估，而且欧洲科学家利用该模型模拟了西藏阿里阿汝冰崩的冰崩扇范围，模拟结果与实际冰崩发生时较为一致，这说明该综合模型对于冰崩的模拟也有其独到之处。此外在模型中还可以采取不同的措施来影响运动过程，从而评估灾害防治措施的有效性（王世金和任贾文，2012；胡文涛等，2018）。

冰崩灾害风险评价和管理还要考虑最大冰崩潜在的破坏程度、重现期、最大抛出范围等主要变量、触发因子、危险斜坡的区域范围、冰崩类型和规模等其他因子。对于极为危险的冰崩体，需要通过爆破方式消除潜在风险。

4.1.5 冰川泥石流

冰川泥石流是发育在现代冰川和积雪边缘地带，由冰雪融水或者冰湖溃决洪水挟冰雪块、其他寒冻风化沉积物所形成的特殊泥沙径流。它与其他地理环境下的泥石流现象有着类似的形成条件，即陡峻的沟谷地形、丰富的松散固体物质和充足的水源。由于冰川泥石流的颗粒组成复杂而粗大，流体除夹杂大漂砾外，还有枯木倒树、冰块，因此，破坏力远比非冰川区的其他类型泥石流大，其灾害影响可达很远的下游河谷地带。冰川泥石流常发生在增温与融水集中的夏季、秋季。冰川泥石流是按照泥石流成因分类（激发因素）的一种类型，即从形成泥石流的水源、固态颗粒物质的补给来源及方式、发生泥石流的地质地貌条件等方面来进行分类的。根据形成冰川泥石流的主要补给水源，可将冰川泥石流分为：①冰川-积雪融水型，此类泥石流以冰川融水为主，积雪融水为次，温度是促进冰川消融并激发泥石流的关键因子，积雪融水型泥石流多发生在春季和初夏气温骤然升高时，冰川融水型则多发生夏季晴日的午后和夜间；②冰/雪崩型，冰崩和雪崩可以为泥石流带来足够的水体和泥沙。地震是激发大型的冰崩或雪崩的诱因，如 1950 年 8 月 15 日西藏察隅发生 8.5 级强震，雅鲁藏布江拐弯处 13 条沟发生冰崩泥石流；③冰湖溃决型（冰碛阻塞湖、冰川阻塞湖排水型），此类泥石流由冰湖突发洪水引起，当入湖水量超过冰湖自身容量、坝体垮塌或地震导致冰湖溃决洪水等，均可引起冰湖溃决洪水泥石流，洪水的冲蚀和挟沙能力决定着泥石流的演化；一般爆发规模大，来势猛，但频率小；④冰雪融水与降水混合型，这种类型是冰雪融水与降水叠加，所以规模较大，但频率小，通常发生于夏季。

1. 冰川泥石流的形成

冰川泥石流成因复杂，但总体来讲可归结为三方面：水动力条件、物源条件及地质地貌条件，即充沛的冰雪水源、丰富的新老冰碛物及陡峻的沟谷地形，是形成冰川泥石流必不可少的条件。

（1）充沛的冰雪融水冰川/积雪融水、冰崩与雪崩堆积体融水、冰湖溃决洪水等，既是冰川泥石流这一特殊两相流中的液相组成部分，又是形成冰川泥石流的水动力条件。海洋型冰川区的冰川泥石流一般发生在每年的7～9 月，而西北大陆型冰川区的冰川泥石流一般爆发在7～8 月。无论是大陆型冰川还是海洋型冰川，每到暖季由于气温回升，冰川区的季节性积雪大量融化，并促成泥石流的爆发。尤其是在西藏东南部发育有大量的亚热带季风海洋型冰川，冰雪融水量远大于大陆型冰川。在天山地区单纯由积雪融水补给的融雪泥石流，有时可发生在 3 月，如乌苏自 1959 年以来共发生 8 次融雪洪水与稀性泥石流，其中1977年3月25～26日的融雪泥石流流量即达167m³/s。

由于冰湖溃决洪水的突发性与快速排泄，常诱发规模巨大的冰川泥石流，如在西藏唐不朗沟源头8条现代冰川中最大的一条——达门拉咳冰川冰舌下，前端有一个面积为18.9万m²、深22m、储水量达415.8万m³的冰碛阻塞湖。1964年9月26日23时许，由于冰舌前端的冰体急速崩落至冰湖中，使湖水位骤然壅高，引起冰碛湖溃决，并形成了容重为2000kg/m³、龙头高10m、流量达2010m³/s的特大冰川泥石流。此外，在中—尼公路沿线由冰碛阻塞湖溃决引发的冰川泥石流危害也十分严重。冰崩与雪崩亦为冰川泥石流提供了丰富的冰雪水源，如古乡沟3～4号冰川的冰舌区经常发生冰崩，每年冰崩堆积体的融水量达180万m³，其中绝大部分参与源头区冰川泥石流的形成过程。

在天山奎屯河源的三岔河道班沟，每当5～6月气温回升时，冰川区的积雪加速消融，引发大量的雪崩和冰崩，冰雪崩体从海拔4000m处崩落到比冰舌低100多米的沟底，急速融化的冰雪水冲蚀冰碛而形成冰川泥石流。

（2）冰川泥石流沟存在丰富的新老冰碛物、冰水沉积物和雪崩岩屑。由于第四纪冰川作用强烈，从而形成了丰富的冰碛物，如在西藏古乡冰川泥石流沟源头，储存的古冰碛厚达300余米，总体积为4亿m³。现代冰川作用形成的新冰碛物和冰水沉积物，在冰川泥石流的形成中也占有十分重要的地位，如在古乡6条现代冰川冰舌区，分布着平均厚度达1～1.5m的表碛，它们经冰川运动被搬至基岩陡坡处，多以冰崩和岩崩的形式崩落至源头主沟中，直接参与冰川泥石流的形成。

雪崩在冰川泥石流的形成中起着重要的补给作用。在喜马拉雅山和天山，还分布着由雪崩岩屑与雪崩堆积融水共同作用而形成的雪崩泥石流。

（3）陡峻的沟床纵坡与有利的流域形态。大部分冰川泥石流沟都具有完整而典型的山谷型泥石流沟谷特征。上游为古冰川作用形成的三面环山和一面开口的漏斗状围谷盆地。中游为幽深而陡急的基岩峡谷，是源头形成的冰川泥石流借以输运的流通区。下游则是位于沟外宽谷或平原的冰川泥石流堆积扇。

沟床纵坡的大小直接影响到冰川泥石流的形成和运动。在西藏东南部，70%的冰川泥石流主沟纵比降在20%～30%，约25%的冰川泥石流主沟纵比降达到30%～50%，而在天山奎屯河源，由于大陆型冰川区的水源远不及海洋型冰川区的水源充沛，所以冰川泥石流的形成和运动就更多的依赖于由陡峻的沟床所提供的势能。据统计，约20%的冰川泥石流主沟纵比降在20%～30%，60%的主沟纵比降在30%～50%，其中有15%的主沟纵比降达到60%。

2. 冰川泥石流的特征

冰川泥石流的活动具有以下特征。

（1）冰川泥石流的物源基本上是冰川强烈退缩的产物。由于冰川退缩，大量碎屑（主要为内碛、底碛和中碛）从冰体内释放出来，从而为冰川泥石流的形成提供了丰富的固体物质。同时，由于冰川退缩，又使大面积的基岩裸露，为以寒冻风化为主的冰缘作用提供了更加广阔的区域，加速了土、砂、石块的积累和转运过程，加大了冰川泥石流的规模。由于气候变暖，冰川加速消融和退缩，还为冰川泥石流的形成提供了充沛的水源。

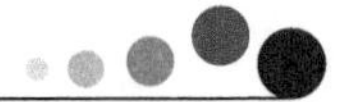

尽管如此，由于冰川前进也可能产生冰川泥石流。如因冰川前进或跃动而使冰舌坠入冰湖中，从而爆发冰湖溃决型冰川泥石流。

（2）初生冰川泥石流大多为黏性冰川泥石流。由于大多数冰川泥石流是冰碛物滑塌体在受到冰雪融水冲蚀作用后失去稳定性，沿着陡峻的沟床整体向下流动而形成，基本上属于土动力成因类型，所以在其形成和运动初期（此时可称为初生冰川泥石流或原生冰川泥石流）多属黏性冰川泥石流。

（3）冰川泥石流多发生在下午和夜间。由于冰川和积雪的融化同气温密切相关，而一日的气温又以午后最高，所以大量的冰雪消融也出现在午后。此时，冰雪融水以比其他时间较大的流量冲蚀冰碛物而形成冰川泥石流。此外，激发冰川泥石流产生的冰崩、雪崩及冰湖水位上涨漫堤溃决，也多数发生在气温升高的午后。所有这些，都使冰川泥石流爆发在下午和夜晚居多。

（4）第一场冰川泥石流是各种形成条件经过长期充分酝酿和准备下出现的，尤其是多与冰崩、雪崩、冰湖溃决等突发性的强大动力有关，因此其规模往往最大。加之爆发前自然环境多较平静，人们对其危险多未觉察，无所防备，所以第一场冰川泥石流危害也最严重。

（5）冰川泥石流在发展过程中，多呈现为活跃期与平静期相间的周期性演进。由于冰川泥石流在其发展过程中并非所有条件同时具备，故当某一条件减弱甚至消失时，爆发的规模将减小，甚至完全停息。因此，冰川泥石流在其发展过程中，常出现活跃期与平静期相间的周期性变化，如西藏古乡沟自1953年爆发特大型冰川泥石流之后，至1957年为活跃期；1958～1959年为冰川泥石流的平静期；1960～1965年又进入活跃期；1966年以后又进入另一个相对较长的平静期；到20世纪70年代末至80年代初曾短暂爆发，之后至今又处于平静期。

（6）冰川泥石流在运动过程中具有大冲大淤的特征。这是由于冰川泥石流中的稀性冰川泥石流以冲刷为主，而黏性冰川泥石流又以淤积为主，时冲时淤，所以冰川泥石流在通过沟道时就往往具有大冲大淤的特征，并使沟床发生时深时浅的剧烈变化。

3. 冰川泥石流的防治

通过多年观察，虽然冰川泥石流破坏力极大，危害最严重，但冰川泥石流多分布在人烟稀少的高山高寒地区，人类经济活动较少涉及；或者分布区为交通不便和经济落后的边远山区。若冰川泥石流发生区对道路、桥梁、涵洞等基础设施及居住人员有威胁，甚至造成一定的人员伤亡及财产损失，则必须对其进行防治。

在长期的科学研究与建设部门密切结合的过程中，已形成了一套治理和预防冰川泥石流的原则与方法。泥石流通常是以巨大的泥石流量摧毁或淤填建筑物。为了更加有效地预防冰川泥石流，应当从高海拔山区冰川环境和冰川泥石流的演化规律出发，合理规划，因地制宜，因害设防，兼顾经济效益，工程措施与生物措施相结合。就目前国内因灾设防的思路：首先以“避”为主，通过选线来规避灾害，如在公路测量设计中，对大规模泥石流采取“避开为宜”的原则。其次以工程治理来预防灾害，目前除在个别有居民点和有公路通过的冰川泥石流分布地区采取及时清淤和一些防护措施外，总的说来，防治冰川泥石流的工作还做得较少。

争取主动防治，通过改变松散物质、水源和地势这 3 个基本条件，使之向不利于冰川泥石流形成的方向发展，减小危害，限制其发生或规模扩大化。在冰川泥石流的源区，一般海拔较高，气候环境恶劣，施工较难，且有大量冰碛物，难以治理，如对于处于危险状态的冰湖，则应采取加强监测和及时报警的办法，并提前疏浚堵塞口，不断以小流量逐渐排泄冰湖中的蓄水，从而避免其突发溃决而成灾。并可根据地形条件修筑导水工程，以达到水土分离的目的。例如，西藏工布江达的居民在沟口修筑干砌块石和铅丝笼石坝及导流堤，拦挡和排导冰川泥石流，还在出现冰碛阻塞湖溃决危险前选择有利地点炸坝，适当放走湖中积水，对防止冰湖溃决泥石流均起到了积极作用。

为了防止或减轻冰川泥石流对重要城镇和重大工程的破坏，被动的防治也很重要。如在川藏公路通过冰川泥石流的某些路段，交通部门曾就地取材，利用当地丰富的木材资源修建了木结构的防泥石流走廊（类似于明洞），使泥石流从走廊上部流过并排入旁边的大河中，而车辆与行人可在其下安然通过。在西藏比通沟口曾修建大跨度（主孔 30m）和净空高（18m）的桥梁，并加固基础，使冰川泥石流从桥下顺畅流过，多年来屡经冰川泥石流冲淤，该桥依然完好。1971 年哈萨克斯坦为了保护阿拉木图市免于冰川泥石流的侵害，在小阿拉木图河上用定向爆破的方法建造了一座高 112m 的堆石坝，后又增高到至 145m。对于跨越冰川泥石流地区的公路桥梁，应该布设在沟道顺直和冲淤变化不大的地段；此外，采取增大桥孔，加强桥台防护和集中桥下泄流等措施，或在有利地形下采取明炯、渡槽泻泄泥石流方法都是不错的选择。在桥梁设计中，应坚持深基础、大跨度、抗力强、单桥孔的原则。

冰川泥石流中以冰湖溃决泥石流危害最大，且已经有一定的研究。下文以冰湖溃决泥石流为例，根据冰湖溃决泥石流的形成、演化和成灾特点，提出如下减灾对策。

（1）进行堆积坝稳定性评价和冰湖溃决风险分析。对于下游有重要防护对象的冰湖应对其堆积坝进行详细勘察，分析和计算冰碛坝的稳定性；在此基础上，进一步通过对气候变化、冰川运动、冰雪消融、冰湖水位变化等分析，确定冰湖溃决的危险程度、溃决的条件和概率、可能的流速和流量，以及潜在的危害范围和程度，为减轻冰湖溃决泥石流灾害提供科学依据。

（2）建立冰湖溃决泥石流灾害预警预报体系。对有潜在溃决危险而下游存在重点保护对象的冰湖，根据冰雪消融、冰湖水位变化和堤坝稳定等状况建立警报系统，包括温度监测仪器、水位监测仪器和泥石流警报仪器等。一旦冰湖溃决形成泥石流，就可提前预警，避免和减少下游地区的灾害。

（3）对潜在溃决危险冰湖进行遥感监测。由于冰湖溃决泥石流发生于高海拔的冰湖区，其预测和预报比降水泥石流更加困难，难以对每一个冰湖安装预警系统监测，则遥感监测就成为大范围减灾的重要手段。利用卫星和航空遥感技术，在冰湖区每年（特别是高温多雨的夏季）或每隔一定时段进行遥感监测，分析遥感数据和图像，解析冰湖区地形地貌变化、土源变化、冰湖水文条件变化、植被变化和冰碛坝特征，预测冰湖溃决泥石流的发生和发展趋势。

（4）采用工程措施处理危险坝体。利用人工开挖排水通道、虹吸、抽水等措施，降低湖水位，减少湖水量，防止湖水漫顶溢流；对危险堤坝进行加固，防止渗漏、管涌和

塌陷，防患于未然。另外，冰湖是天然的储水库，冰碛垅是天然堆砌的坝体。可以利用冰湖巨大的高差及势能，兴建水电站和灌溉设施，或将冰湖优美的湖区环境开发为游乐度假区，兴利除弊。

（5）划分冰湖溃决泥石流的危险区。冰湖下游地区往往有铁路、公路、水利设施、居民点和农田。在冰湖下游新建工程项目的可行性研究阶段，应进行灾害危险性评价，划定危险区，避免将工程建在泥石流危险区内。对于无法完全避开泥石流危险区的工程，应做好防治规划，修建防灾工程，确保主体工程建设不受泥石流危害，提高工程抗灾能力，保障工程安全。

（6）制订减灾预案。应对突发性特大灾害除上述措施外，还应做好减灾预案，制订逃离路线，落实救助措施，储备救灾物资，保证在突发性特大灾害发生时，能及时预警，迅速启动救灾措施，组织人力物力抢险救灾，及时转移人员和财产，将人员伤亡和财产损失减到最小程度。

（7）建立减灾决策支持系统，健全减灾管理体制。条件成熟时，在上述工作的基础上，可考虑建立重大冰湖溃决泥石流灾害信息系统和减灾决策专家系统，并与监测系统结合，构成减灾决策支持系统，通过网络实现资源共享，及时传输灾情信息和减灾指令，逐步实现减灾的科学化和智能化。加强减灾基础知识的宣传和普及，增强当地人民的防灾意识和自我保护能力。进行减灾知识和技能培训，提高技术和管理干部的工作能力。健全减灾管理体制，建立群测群防体系、灾情速报制度、减灾指挥调度机制和责任落实办法，保证灾害的早发现、早预警和减灾的早决策、早落实，形成高效运转的减灾管理体系。

4.2 冻土灾害

气候变暖使多年冻土退化、季节融化深度加大，冻土灾害（或称冻融灾害、冻胀和融沉灾害）广泛分布于全球高纬和高海拔地区，影响着这些地区各类构筑物。

4.2.1 内涵及其分类

冻土灾害主要是指土体在冻结和融化过程中，土（岩）因温度变化、水分迁移所导致的热力学稳定性变化所引起的特殊地质灾害。冻融作用包括冻胀、融沉及其冻融风化等。其中，冻胀是由于岩土层温度降至冰点以下，土体原孔隙中部分水结冰体积膨胀，以及更主要的是在土壤水势梯度作用下未冻区的水分向冻结前缘迁移、聚集，冻结体积膨胀所致。在自然条件下，由于地基土及土工构筑物本身土质、水文及冻结条件的不均一性，造成建筑物的不均匀冻胀变形而不能正常运行，甚至破坏，或者即使在冻结时尚能运行，一旦融化便丧失承载能力而破坏。融沉则是自然（如气候变暖）或人为活动（如工程建设）改变了地面温度状况，引起季节融化层（活动层）深度加大，使地下冰或多年冻土层发生融化下陷所致。当冻融事件作用于承灾体，往往会形成冻融灾害。按冻融作用类型和作用机理，冻土灾害可分为以下几类：冷寒风化-重力冻融、冻融蠕流-重力作用冻融、冻融冻裂、融沉冻融和冻结促滑灾害等。按冻融作用产生效果，可分为冻胀性灾害、融沉性灾害和冻融性灾害。

4.2.2　冻土灾害成因

随着温度变化，岩土中水存在相变作用，土体将出现冻胀和融沉现象，在这里称为冻融现象，若造成道路、工程、房屋、建筑等影响，则为冻融灾害。高含冰量、高温多年冻土较易发生冻融灾害。按冻融灾害成因，则可以分为以下四类：冻胀丘、冰锥（冻胀）、冻融滑塌、热融沉陷（热融）和冻融泥流灾害。冻胀、融沉及连续性冻融对岩土体的影响是全球寒区工程设计必须要考虑的因素。国内外冻融灾害研究较多，且多为冻融危险性评估，即通过冻土水热力（变形）性质进行灾害预警，或结合工程开展相应研究，很少统筹考虑冻融危险性与承灾体暴露、脆弱性评估的结合，以及缺乏大区域尺度冻融灾害综合风险评估研究工作。冻融变化的交替作用还将引发泥石流、滑塌、滑坡、冰锥等次生灾害，进而引发工程灾害。

未来气候变暖将继续引起或加速冻土融化过程，对公路路面、铁路地基、桥梁、房屋建筑、输水渠道、水库坝基等带来潜在威胁，在工程设计和维护方面如何减轻冻土融化导致的负面影响，需要认真思考和研究。特别是在城镇区域和骨干交通沿线，由于叠加了局地尺度的城市热岛效应及人类活动干预，冻土融化对建筑物和交通设施的影响问题将变得更为突出。

4.2.3　冻土灾害影响

过去 50 多年，全球变化已导致多年冻土显著退化，其退化不仅波及生态系统结构和功能变化，而且对基础设施和可持续发展带来一定影响。因为绝大部分冻土区基础设施需要昂贵的费用来建设和维护。气候变暖使多年冻土退化、季节融化深度加大，寒区各类构筑物均广泛发生着冻胀和融沉灾害，特别地，在多年冻土区，各类路网、管网、线网工程设施运行期间，常出现包括路基工程冻胀、融沉、倾斜、纵（横）向裂缝、波浪和管道工程不均匀变形引起的隆起及下沉、桩基础工程的沉降、冻拔等大量病害问题（图 4.10），严重影响到上述工程的安全运营及服役性能，同时增加了工程维护的难度及成本。当然，冻融过程还波及多年冻土区居民建筑结构变形、采矿场等安全。

图 4.10 阿拉斯加多年冻土地基上公路的沉降和裂缝（左）与
俄罗斯北雅库特富冰冻土区地上管网潜在风险（右）（照片来自 A.N. Fedorov）

气候变化导致多年冻土强烈退化和升温、地下冰融化，使北半球多年冻土区各种构筑物处于冻融灾害的高风险区，因而得到了各国普遍关注。北半球多年冻土区潜在冻融灾害分区分布着大量工程构筑物，如阿拉斯加、西伯利亚、加拿大的罗曼井（Norman wells）输油管线工程等基本位于潜在冻融灾害的高风险区（Nelson et al.，2002）。2010～2030 年，因冻融过程对基础设施影响，阿拉斯加州将需要额外支出 36 亿～61 亿美元的基础设施维护费用，且 2010～2080 年维护费用将上升至 76 亿美元（Raynolds et al.，2014）。由于冻融变化，西伯利亚远东公路 3539km 路段中，18%由于冻土冻胀和融沉而变形，贝加尔-阿穆尔铁路变形率则为 20%。俄罗斯多年冻土地区管道稳定性维护需要每年超过 15 亿美元的开销。又如，1990～2000 年，俄罗斯诺里尔斯克市建筑物倒塌率上升了 42%，雅库茨克州上升了 61%，阿德马尔地区上升了 90%。诺里尔斯克在 2003～2013 年观测到的结构变形数量明显高于 1963～2013 年相应的变形数量。另外，俄罗斯 Tyumen 北部地区输电线工程的实践表明，多年冻土的融化将减小基础承载力，并在回冻期引起塔基显著的冻胀破坏。现场监测表明，桩基础的冻拔是危害输电线工程的主要原因，基础冻结期的不均匀冻胀量达 5cm，最大冻胀量可达 20cm。输电线工程运营 20 年后，监测的塔架最大偏差可达 2.50～2.70m。

在中国，冻融灾害主要波及青藏高原、东北地区多年冻土区的路网、管网和线网基础设施。特别是在青藏高原楚玛尔高平原、五道梁和开心岭等高温-高含冰量冻土区，其冻融灾害风险极高。青藏高原公路隧道、路桥围岩的冻胀破裂渗水及其失稳，新疆自治区地下输油管线的冻裂等事件均造成巨大的经济损失。中国东北大庆地区 110kV 龙任线、220kV 奇让线和二火线等输电线路的多个塔位，由于地基土冻胀使基础失稳而发生过倒塔和倒杆事故。海拉尔-牙克石 220kV 输电线路工程于 1997 年年底建成投产，到 2003 年时，位于东大泡子附近的 N29 号塔灌注桩基础因冻胀导致桩顶与铁塔倾斜、联梁与桩身联结处开裂，影响了输电线路的正常运行。青藏铁路格尔木至拉萨段全长 1142km，穿越多年冻土区长度为 632km，其中高温高含冰量冻土区约 124km。以热融、冻胀及冻融灾害为主的次生冻融灾害对路基稳定性存在潜在危害，主要表现为路基沉陷、掩埋、侧向热侵蚀等。现场调查发现青藏铁路±110kV 输变线塔基的主要病害是融沉，相比青藏铁路±110kV 输变线，刚投入运行的±4000kV 输变线由于荷载变大，基础尺寸扩大的特点，未来运营期间融沉也将是最重要的病害。

4.2.4　冻融灾害的防治

通过加强潜在灾害发育区域的监测，建立灾害评估的科学标准，加强基于遥感、GIS 平台和数值模拟评估方法的研究，重视科学研究和政府之间的信息沟通，以减缓或避免热融性地质灾害的危害。例如，俄罗斯重视研究工程技术系统与自然环境相互作用下多年冻土动态变化，评估多年冻土退化对基础建设（城镇、煤矿、铁路、管道等）的潜在影响，围绕着冻融灾害防治，开展了各种冻融灾害风险及其与气候变化关系的定性评价和定量分析。美国和加拿大主要是通过多年冻土热状态监测网络来了解气候变化下多年冻土退化和升温对重大工程稳定性的影响。

冻土灾害风险管理主要集中在改善路基土质、保温措施（块石路基结构热虹吸管结构）、改善路基水分状况、路基路面结构改进措施等方面。近年来，青藏铁路的修建促使我国冻土工程研究取得了重大的突破，系统地研究了多年冻土与工程、多年冻土与气候、环境之间的相互作用关系，提出了冷却路基的设计新思路和行之有效的冷却路基筑路技术体系，解决了青藏铁路多年冻土区筑路的技术难题，使我国的冻土工程研究处于国际领先地位。青藏铁路在路基设计中采用了“主动冷却”的设计理念，修筑过程中采用了大量诸如块石基底路基、抛（碎）石护坡路基、重力式热管等新的路基结构形式。自 2006 年通车后这些路基结构已经显示了保护下伏多年冻土的工程效果。针对青藏公路和青康公路不同工程病害类型，建立了热棒+XPS 试验路基、发卡式热棒路基、宽幅通风路基、块石-通风试验路基、碎石桩路基和热棒-块石复合路基结构、硅藻土护坡和纵向通风管路基等防治病害工程措施。

4.3　积雪灾害

积雪灾害是冰冻圈常见自然灾害，主要包括融雪洪水、风吹雪、农牧区雪灾和雪崩灾害，融雪洪水主要发生春夏两季，其他三类灾害主要发生在冬春两季（图 4.11）。

2014年3月额尔齐斯河源区融雪洪水(张伟摄)

2018年2月赛里木湖边风吹雪(李兰海摄)

2018年10月纳木错牧区雪灾(张国帅摄)

2019年9月Batura冰川雪崩(上官冬辉摄)

图 4.11 雪灾示例

4.3.1 融雪洪水

融雪洪水多发于中高纬度和高山地区，且主要发生于春夏两季，冬季也时有发生。融雪洪水往往给人类的生命财产安全造成破坏，成为融雪洪水灾害。以美国北部的 Red River 为例，1997 年 4 月发生了历史罕见的融雪洪水，造成近 75000 人被迫转移。尽管没有人员伤亡，但有超过 8000 头牲畜因洪水死亡。直接经济损失折合当时的美元价值超过 40 亿。

积雪洪水可分为融雪洪水和降雨-融雪混合洪水。融雪洪水主要发生在春季气温升温期。随着气温的上升，积雪开始消融。到后期大量融水从雪层中集中释放，汇流形成洪水。降雨-融雪混合洪水多发于春末夏初，冬季也可发生。当季节积雪大量消融之时，强降雨或暴雨可促使积雪加速融化并破坏积雪本身的调蓄作用。融雪径流与暴雨径流同时汇入河道，显著增加流量，形成混合型洪水。因叠加了降雨的作用，降雨-融雪混合洪水的洪峰流量要远远大于单纯的融雪洪水或降雨洪水，因此常常能够形成流量超历史的大洪水，其破坏力也比一般洪水更大。以美国加利福尼亚州的内华达山地区为例，该地区的暴雨融雪洪水发源于山区，对平原地区造成了巨大的影响。加利福尼亚州的首府萨克拉门托就多次被洪水淹没。中部山谷地区的城市及周边大范围的农作物区都被洪水淹过，位于山谷的一些规模较小的城镇也基本上被洪水毁坏过。发生在森林覆盖区的一些小的洪水事件，其灾害影响主要是冲毁道路和桥梁。洪水会侵蚀河道和搬运松散物质，从而对道路和桥梁形成潜在威胁。

融雪洪水和降雨-融雪混合洪水均是多种条件共同作用的结果。其中影响比较显著的条件包括：覆盖范围广的厚层积雪，强降雨且能覆盖高海拔地区，温暖多风的天气条件，湿润、含水量较高的雪层且雪层冷储基本损耗，湿润的土壤，以及土壤冻结不透水，河流内结冰引发河道堵塞。前文提到的危害巨大的 1997 年美国的 Red River 全流域融雪洪水，就是多种因素共同作用的结果。包括前期土壤含水量较高，土壤冻结导致土壤水难以下渗，大范围的厚层积雪，持续高温及河道结冰。幸亏暴雨缺席，否则洪峰流量将更大，灾害影响将更为严重。对降雨-融雪洪水而言，该类型洪水发生的危险性与暴雨的强度、持续时间和覆盖范围，融雪的贡献，以及雪层内融水的出流时间有关。对山区而言，暴雨覆盖到平常基本上都是降雪的高海拔地区是引发该类型洪水的重要因素。以内华达山区为例，强暴雨覆盖的范围要比平常降水覆盖范围大好几倍。而且，这种暴雨不仅覆盖范围大，降雨强度也大，往往会持续多日。该地区就曾有过 24 小时内降雨量超过 200mm 的记录。

多数情况下融雪水不是降雨融雪混合洪水的主要水源。因为受降雨天气条件约束，融雪水的量值不会太大，对洪水的贡献率也不会太大。因为降雨时天气多为多云或阴天，多云或阴天条件下气温和风速一般都不会太大，湍流热的热量值不会太大。该部分热量能够消融的积雪比较有限。但也有例外，当风速较大，气温也较高时，湍流热消融的积雪也可与降雨量相当。尽管暴雨或强降水是洪水最主要的水源来源，但融雪水的贡献也显著增大了洪水的危害和破坏力，其作用不可忽视。低海拔地区的积雪存在期较短，但在热量条件合适的情况下也能在短期内提供比较丰富的融水，进而影响洪水流量。当气温在 10℃上或者达到 15℃，如果风速也较大，24 小时的融雪量相当于 50mm 降水量。该融雪量水可以增加洪水径流量 10%～30%。一般认为，高海拔地区的厚层积雪会限制流向河网的水量。影响的程度取决于雪层的属性特征。在暴雨初期，雪层覆盖相比没有积雪覆盖的裸地会延缓降雨的径流响应。有观测表明雪层对液态水的出流有数小时的延缓作用。不到 1m 深的积雪可延缓融水出流约 4 小时，而超过 2m 深积雪可延缓 6 小时。降雨的强度是重要的影响因素，降雨强度在 2mm/h 时，大部分雪层的滞后时间在 1～8 小时。不管是在低降雨强度还是高降雨强度条件下，液态水出流之前雪层对水流的束缚能力最大，均超过 10mm 水当量。

森林区也是降水-融雪洪水的高发地区。值得注意的是，森林砍伐被认为能显著增强该类洪水。树木减少能减少降雨和积雪的冠层截留。虽然森林砍伐后会减少蒸散发，但同时也导致土壤水含量增大，同时积雪也直接暴露在大风吹拂之下，这些影响都会增大洪水的强度，增大其灾害影响。

发生在山区的该类洪水有一个显著的特征：冬季山区的该类洪水主要与降雨量有关，而春季山区该类洪水则主要与较大的积雪覆盖面积有关。而且，冬季的该类型洪水，其洪峰流量要显著大于春季。不过其发生频率要远远小于春季。也就是说，影响冬季和春季降雨融雪洪水的主要因素是不同的，这对不同季节的预报和预警，需重点关注和监测的因素是不同的。总体而言，影响因素的多样化使得准确预报该类洪水比较困难。从历

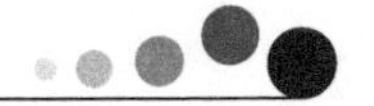

史洪水记录、相关气象和水文监测记录中分析和提取重点监测要素是开展洪水预报预警的重要工作。同时，开展机理研究，量化各相关因素的影响，构建相关模型是从根本上模拟和预测该类洪水的根本途径。其中，开展典型流域的观测研究是实现这一目标的基础工作。目前，我国在这方面的研究正在深入开展，一些典型流域已经有了一些初步成果。

4.3.2 风吹雪

风吹雪灾害是指大风携带积雪过程中对农牧业生产、交通运输和工矿建设等造成危害的一种冰冻圈灾害，亦称为风雪流灾害。

风吹雪指由气流携带起分散的雪粒在近地面运行的多相流或由风输送的雪。风吹雪是一种较为复杂的特殊流体，降雪和积雪是风吹雪的物质来源，而风则是风雪流形成的动力。根据雪粒的吹扬高度、吹雪强度和对能见度的影响，可分为低吹雪、高吹雪。风从地面吹起的雪低于 2m 高度时称为低吹雪，高于 2m 且由于吹雪造成水平能见度小于 11km 时称为高吹雪。

起动风速和雪的输送是风吹雪的主要形成过程。前者是指使雪粒起动的临界风速，它的大小既和雪的密度、粒径、黏滞系数等有关，又与太阳辐射、气温、地面粗糙度等外界条件相关，一般情况下，气温从–23℃升至–6℃时，1m 高处地面雪的起动风速是在 4m/s 左右。达到起动风速后，气流沿积雪表面呈现为水平与垂直方向的微小涡旋群把雪粒卷起，雪粒以跳跃、滚动、蠕动和悬浮形式在地面或近地气层中运行，气流对雪的输送长度可从数十米到数百米，取决于风蚀雪面的状况。风吹雪输送率与风速呈函数关系。

风吹雪对自然积雪有重新分配的作用，它所形成的积雪深度要比自然积雪厚 3～10 倍。雪粒如吹经平坦开阔地面，则风力以摩擦损失为主，能量损失少，雪粒便随风运行并形成各种吹蚀微形态。若吹经起伏变化大的地面，不仅摩擦阻力增大，同时形成因地形（物）局部变化，产生的涡旋阻力，使风速急剧减小，导致雪粒的大量堆积。堆积形态多种多样，如雪檐、雪堤、雪丘、雪舌、波浪式雪堆等。同时，风可造成空气中雪粒的升华磨蚀，增强从雪面向大气的水汽通量输送。在高山地区，风所造成的雪的再分布对雪崩的形成具有极其重要的作用，也与植被的生长有密切的联系。在积雪区，风输送的雪沉积形成的吹雪堆对人类活动有较大影响，在建筑物、公路和铁路等的设计中，吹雪堆的预防或减轻雪的堆积都是需要考虑的重要因素。

风吹雪灾害多发生在高纬度、高海拔和地形起伏变化较大的积雪地区。我国风吹雪灾害影响严重的地区主要分布在西北、青藏高原及边缘山区、内蒙古和东北山区及平原，对交通干线和工农牧业危害严重（图 4.12）。在我国新疆主要发生在北疆和天山地带，风吹雪现象常发生在雪停之后，通常会出现在晴朗天气。2012 年 12 月 22 日清晨，乌鲁木齐市区气温降至零下 28℃，午后 G30 线新疆境内乌奎连接线路段出现九级以上大风天气。严寒与大风天气的双重影响致使这一路段路面出现大面积风吹雪现象，路面积雪厚达 2m，受堵车辆自乌拉泊立交桥开始直至仓房沟立交桥，近六千米路面双向堵死。

风吹雪的防治措施主要有“导”、“改”、“阻”和“除”等。“导”（各种型式和规格的导雪设施，如下导风栅等），“改”（提高路基、修善边坡、开挖储雪场等）、“阻”（不同规格和结构的阻雪栅和防雪林等)、“除”(机械除雪与物理化学融雪)等一套有效的综合治理措施。在积雪地区，特别是风吹雪严重的山区，如路线设计不当，则会造成很大的后患，给养护、运输工作带来困难。由于风吹雪影响的山区公路设计有许多特殊要求，工程量大，投资多，因此，在测设时须作深入细致的调查工作，慎重选择路线。路基设计则应根据不同的积雪类型，提出相应的防治措施。

图 4.12 道路风吹雪(李兰海 2013 年 1 月拍摄于塔城玛依塔斯)

4.3.3 农牧区雪灾

牧区雪灾是指在主要依赖自然放牧的牧区，降雪量过大、雪深过厚、持续时间过长，缺乏饲草料储备，从而引发牲畜死亡所形成的灾害。牧区雪灾是中国发生频繁、影响最为严重的一类雪灾。在高纬度、高海拔地区，特别是有着广阔天然草场的内蒙古、新疆、青海和西藏等主要牧区，几乎每年都会不同程度地遭受这类灾害。雪灾主要发生在稳定积雪地区和不稳定积雪山区，偶尔出现在瞬时积雪地区。牧区雪灾的发生不仅受降雪量、气温、雪深、积雪日数、坡度、坡向、草地类型、牧草高度等自然因素的影响，而且与畜群结构、饲草料储备、雪灾准备金、区域经济发展水平等社会因素息息相关。这类灾害在中国西部阿勒泰、三江源、那曲、锡林郭勒地区(盟)及蒙古国大片牧区多见。

1977 年 10 月 24～29 日，北方大部地区降了雨雪，华北、华东北部降了大暴雨(雪)，其中内蒙古普降暴雪，锡林郭勒盟北部最大，过程降雪量达 58mm，乌兰察布盟北部、赤峰市北部、哲里木盟北部及兴安盟、呼伦贝尔盟牧区降雪量 25～47mm。上述地区积雪厚度达 16～33cm，局部 60～100cm，为近 40 年罕见，大雪封路，交通中断，造成严重特大雪灾。据不完全统计，锡林郭勒盟牲畜死亡 300 余万头，占牲畜总数的 2/3；乌兰察布盟牲畜死亡 56 万头（只），死亡率达 10.8%；赤峰市 60 万头（只）牲畜处于半饥饿状态，30 万头（只）牲畜无法出牧，死亡牲畜 10 万头（只）；伊克昭盟北部下了冻雨，造成电线严重结冰，个别地区邮电通信中断。

我国草原牧区大雪灾大致有十年一遇的规律。至于一般性的雪灾，其出现次数就更为频繁了。据统计，西藏牧区大致 2～3 年一次，青海牧区也大致如此。新疆牧区，因各地气候、地理差异较大，雪灾出现频率差别也大，阿尔泰山区、准噶尔西部山区、北疆沿天山一带和南疆西部山区的冬季牧场和春秋牧场，雪灾频率达 50%～70%，即在 10 年内有 5～7 年出现雪灾。其他地区在 30%以下。雪灾高发区，也往往是雪灾严重区，如阿勒泰和富蕴两地区，雪灾频率高达 70%，重雪灾高达 50%。反之，雪灾频率低的地区往往是雪灾较轻的地区，如温泉地区雪灾出现频率仅为 5%，且属轻度雪灾。

雪灾发生的时段，冬雪一般始于 10 月，春雪一般终于 4 月。危害较重的，一般是秋末冬初大雪形成的所谓“坐冬雪”。随后又不断有降雪过程，使草原积雪越来越厚，以致危害牲畜的积雪持续整个冬天。

雪灾发生的地区与降水分布有密切关系。例如，内蒙古牧区，雪灾主要发生在内蒙古中部的巴彦淖尔盟、乌兰察布盟、锡林郭勒盟及伊克昭盟和哲里木盟的北部一带，发生频率在 30%以上，其中以阴山地区雪灾最重最频繁；西部因冬季异常干燥，则几乎没有雪灾发生。新疆牧区，雪灾主要集中在北疆准噶尔盆地四周降水多的山区牧场；南疆除西部山区外，其余地区雪灾很少发生。青海牧区，雪灾也主要集中在南部的海南、果洛、玉树、黄南、海西 5 个冬季降水较多的州。西藏牧区，雪灾主要集中在藏北唐古拉山附近的那曲地区和藏南日喀则地区。前者常与青海南部雪灾连在一起。

雪灾是我国牧区冬、春季节最严重的气象灾害之一，它常常致使家畜采食困难而发生不同程度的牲畜伤亡事件，并可能伴有牧民冻伤，交通堵塞、电力和通信线路中断等的发生，给国民经济和人民生命财产带来的损失是巨大的。

青藏高原是全国牧区面积最大的地区，也是全国三大雪灾高发区之一。因此青藏高原雪灾风险管理就显得尤其重要。从青藏高原雪灾致灾危险性和承险体脆弱性两个方面，选取历史雪灾、潜在雪灾、承险体物理暴露、敏感性、应灾能力五大类共 18 项指标，建立了青藏高原雪灾风险评估的指标体系，应用 GIS 工具和定量、半定量的方法，对青藏高原雪灾致灾危险性和承险体的脆弱性分别进行分析，最后通过雪灾风险评估模型对青藏高原雪灾的风险进行了评估。得到的主要结论如下：①通过对历史雪灾和潜在雪灾的综合分析认为，曲麻莱、治多、杂多、称多、玛沁、达日、河南、天峻、错那、聂拉木、石渠、理塘 12 县，以及玛多、定日、阿坝、色达、维西县部分地区雪灾危险性最高；其周围地区的危险性次之，青藏高原的边缘地区最低，主要包括西藏自治区的拉萨市、林芝地区及其他部分县（市）；②通过青藏高原雪灾 14 项脆弱性指标的综合分析认为，尼玛县雪灾承险体脆弱性最高，其次是改则、日土，其他大部分地区的脆弱性都处于较低或低的水平，青藏高原东南部，以及北部部分地区雪灾承险体脆弱性最低；③对青藏高原雪灾危险性和脆弱性综合后划分为高、较高、中等、较低和低 5 个风险等级。藏北高原和青南高原部分地区的雪灾风险水平较高，其中西藏自治区的改则、尼玛、聂拉木及青海省的治多部分地区雪灾风险最高；西藏自治区的班戈、错那及青海省的称多雪灾风险次之；青藏高原雪灾的较低风险和低风险区主要分布在青藏高原的边缘地区，主要是高原东南部和北部地区。从整个青藏高原来看，高原腹地的雪灾风险大于边缘地区。因此，青藏高原是雪灾高风险地区，尤其是藏北高原雪灾的防御应该作为今后青藏高原雪灾防御的重点区域。

4.3.4 雪崩灾害

1. 雪崩的内涵及其类型

雪崩是雪块在陡峭山体发生的一种瞬间崩落事件。按照雪崩触发因子，可分为自然雪崩和人为雪崩。前者主要威胁居民和基础设施，后者主要威胁高山旅游娱乐者。根据雪崩发生轨迹，可将雪崩演进过程划分为形成区（或起动区）、运动区和堆积区。形成区也称始发区，是雪崩类型划分的主要参考因素（图 4.13）。1973 年，国际雪冰委员会雪崩分类工作组提出国际雪崩分类系统方案，即形态-成因分类，见表 4.3。

图 4.13　雪崩发生轨迹（照片来自 J. Schweizer）

按照雪崩触发因子，可分为自然雪崩和人为雪崩。根据雪崩始发区雪层特征，雪崩一般分为松雪雪崩（loose-snow avalanche）和雪板雪崩（slab avalanche）两类（图 4.14），其中，后者占雪崩灾难的 90%左右，危害性更大。松雪雪崩爆发于一个相对有黏性的干湿雪层。雪板雪崩是在较厚和较硬板块雪层下的相对稀疏的松雪层在陡坡上的断裂和崩塌。雪板雪崩的触发因子包括近表面局地快速负荷，如人为扰动或爆炸以及渐进持续负荷，如降水、雪层特性变化、表面增温。按雪崩发生时期，可分为季节性雪崩和常年雪

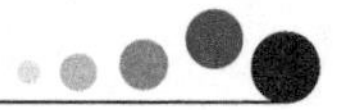

崩。按雪崩运动路径地貌形态特征，可分为沟槽雪崩、坡面雪崩和坡面-沟槽雪崩。按雪崩滑动面位置，可分为表层雪崩和全层雪崩。按雪层含水量，可分为干雪崩（无水）、湿雪崩（少量水）和雪流（可见剩余水）。

表 4.3　雪崩形态分类大纲（参考 1973 年国际雪冰委员会国际雪崩分类系统方案）

分区	判据	备择特征、命名、代码	
形成区	A 起始方式	A1 始于一点（松雪雪崩）	A2 始于一线（雪板、雪崩） A3 软 A4 硬
	B 滑动面位置	B1 雪内（表层雪崩） B2（新雪断裂） B3（老雪断裂）	B4 地表（全层雪崩）
	C 雪中含水状态	C1 无（干雪雪崩）	C2 有（湿雪雪崩）
运动区（自由流动和减速流动）	D 路径形态	D1 路径位于开阔山坡（坡面雪崩）	D2 路径位于溪谷或沟槽（沟槽雪崩）
	E 运动形式	E1 雪尘云（粉状雪崩）	E2 地面流动（流动雪崩）
堆积区	F 雪堆表面粗糙度	F1 大块的（大块堆积） F2 带棱雪块 F3 变圆雪块	F4 细粒的（细粒堆积）
	G 堆积时的雪块含水状态	G1 无（干雪崩堆积）	G2 有（湿雪崩堆积）
	H 雪堆污染	H1 无明显污染（干净雪崩）	H2 污染（污染雪崩） H3 石块、泥土 H4 树枝、树 H5 建筑物碎片

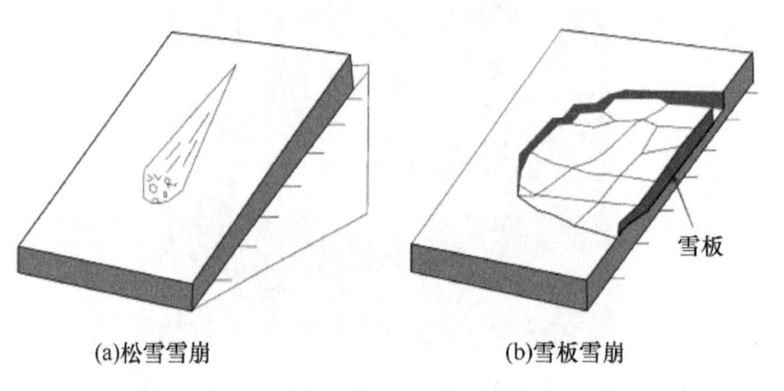

(a)松雪雪崩　　(b)雪板雪崩

图 4.14　雪崩和冰崩类型

2. 雪崩成因

雪崩的形成主要由地形条件（横坡曲率、坡度、地形粗糙度、地形切割度、植被类型、植被覆盖度等），气候条件（温度、风、雪深、辐射、积雪期时间等），雪层特性（密度、结构、稳定性、温度、含水量、雪晶形状、硬度）和外部条件（地震、火山喷发、旅游活动、冲击波、爆炸、滚石等）因素组成。雪崩特征则主要包括雪崩规模、雪崩速度、雪崩冲击力、雪崩抛程等参数。由于外界环境（如温度、压力、温度梯度等）变化，雪颗粒间发生黏合、烧结等，使积雪的物理性质发生改变。新雪经不同变质作用形成细颗粒雪、中颗粒雪、粗颗粒雪、深霜、湿雪、风板、冰层等。雪的微观结构对积雪的整体性质至关重要，如山坡积雪中薄而脆弱的深霜层极易诱发雪崩。深霜指水汽在积雪内部迁移，遇到表层较冷的雪壳时，凝华结晶成霜。深霜层结构疏松，强度极低，抗剪能力特差，在山区山坡积雪的情况下，深霜的发育容易造成雪崩，成为灾害。当然，在暴风雪（雨）、地震、火山喷发等外部因素的作用下均可引起发雪/冰崩事件的发生。

地形条件包括雪面、冰面、岩石、森林、草地等下垫面坡度、粗糙度、地形切割深度等。干雪雪板雪崩事件始发区坡度通常在 30°以上。在雪崩预测中，临界坡度是指始发区平均水平距离超过 20m 内的最陡角度。绝大部分雪崩发生在坡度为 30°～50° 范围之内。其中，坡度在 39° 左右时，雪崩频数比例几乎占全部雪崩数的 40%以上。地形坡度和粗糙程度也影响雪崩事件的发生。凹形斜坡外形（concave cross-slope profiles）始发区雪崩发生频率较高。雪崩始发区山坡植被密度大小是积雪稳定性的最重要因素，在茂密森林区发生的雪崩事件比较少见。气候条件和积雪特性与雪崩关系紧密。在没有负荷的情形下，气温是促使雪崩形成的一个决定性因子。气温变化以不同方式影响积雪稳定性。暴风雪期间气温的升高和暴风雪后不久气温的快速升高促使积雪的不稳定性。积雪结构及其稳定性与雪崩息息相关。雪崩预测的前提是要加强对山坡积雪结构与稳定性监测和模拟。积雪场稳定性与雪崩发生紧密相关，而其稳定性又由雪层张力（strength）和应力决定。雪层张力和应力随时间演变，当雪层应力大于强度张力时，雪层稳定性失衡，进而引发雪崩。

3. 雪崩灾害影响

雪崩危害较冰崩危害更为频繁。雪崩事件具有突发、运动速度快和气浪冲击力大等特点，常对高山登山探险、滑雪者和山区居民、交通（公路和铁路）、工矿、基建、草场和森林等带来重大的生命和财产损失。国外雪崩灾害主要发生在北美落基山、阿拉斯加，南美安第斯山瓦斯卡兰，欧洲瑞士、奥地利、意大利、法国阿尔卑斯，亚洲喜马拉雅山、日本等。17 世纪至今，雪崩累计死亡人数已超过 3.90 万人。近年来，雪崩频次呈快速增加态势。2010 年 2 月 10 日，阿富汗北部帕尔万省交通要道萨朗山口发生多次雪崩，导致 170 人死亡。2012 年 3 月 5 日，阿富汗东北部巴达赫尚省谢卡伊地区遭遇连续雪崩，导致 145 人死亡。2012 年 4 月 8 日，巴基斯坦北部锡亚琴冰川地区遭遇近 20 年来最大的一次雪崩，造成 139 人遇难。2017 年，全年瑞士阿尔卑斯山共发生 250 余次雪崩事件，其中 19 次雪崩导致人员死亡，26 人在进行冬季运动时罹难。进入 21 世纪，由于隧道技术的发展，山区道路沿线雪崩死亡人数急剧减少，但在交通不便的区域，灾损依然很大。

4. 雪崩灾害的防治

雪崩灾害风险管理的基础是进行风险区划，通过区划实施相应风险区的防控措施。风险级别可为高、中、低三级，也可为极高、高、中、低、极低五级。雪崩风险区划地图中预警颜色从极高风险至极低风险可由红/黑色、红色、橘色、黄色、绿色表示。风险级别程度主要按雪崩冲击力（破坏力）与重现期（频率）进行度量。当然，雪崩灾害风险区划还要参照雪崩历史、地形参数、雪崩潜动态变化、专家知识和判断等因素。雪崩灾害风险区划地图对于城市土地利用规划和雪崩灾害预警与人员疏散方案实施意义重大。一般而言，雪崩灾害高危区雪崩灾害重现期小于 300 年，影响压力在 30kPa 及以上，这类区域政府明令禁止一些建筑活动，但当前雪崩风险区划研究结果已广泛应用于欧洲奥地利、法国、挪威、意大利和美国、日本雪崩灾害管理工作之中。

4.4 凌汛灾害

4.4.1 凌汛与冰情

凌汛是冰凌对水流产生阻挡而引起江河水位明显上涨的水文现象。凌汛主要受气温、水温、流量与河道形态等几方面因素的影响，多发生在冬季的封河期和春季的开河期，可在河道形成冰塞、冰坝等，并造成灾害隐患。

由于地理位置、地貌类型、气候、流量大小、水利特点等因素的不同，各地河流的冰情变化不尽相同。中国冰情特征值的走向基本是东西或东北—西南走向，盆地和高原则形成了个自闭合圈。最长的冰期为 6.5 个月，最短冰期为 2 个月；初冰期最早为 10 月（新疆个别站点为 9 月），最晚 12 月；封冻日期最早为 11 月，最晚为 1 月；最早的解冻日期为 2 月，最晚则为 5 月；最大多年平均冰厚为 1.6m，冰厚随纬度升高而增厚。

我国北方河流的冰情演变过程可以分为 3 个时期，即结冰期、封冻期和解冻期。结冰期为初冰到封冻前，封冻期为形成河冰开始到河冰开始融化，解冻期为河冰开始融化到流冰结束。

1. 结冰期

秋末冬初，气温逐渐下降，水温降至负温，水体中的热量自水面消失，混合水中的热量大量消耗。由于水体混合情况、水流速等条件不同，在河道内形成诸如表层冰、水内冰、棉冰、薄冰、冰晶、冰淞、暗冰、固定岸冰、冲积岸冰等。

另外结冰期还有两种冰情，固定在河底并露出水面的冰体称之为冰礁，上下游为敞露的水面，中间为横跨断面的固定冰面称之为冰桥。

2. 封冻期

封冻期河段内出现横跨两岸的稳定河冰，其敞露水面的面积小于河段总面积的 20%。河段封冻的形态与河道地形、水力、热力因素、风向、风速等有关，主要分为平封和立封两种。发生在水流较为平缓的河段上，河冰表面较为平整为平封；在浅滩河段开始的冰封，若流速较大或出现大风，冰花及碎冰易于封冻，在冰缘前堆积、挤压、重叠、冻结，使得河冰表面形成大量冰堆，导致冰面起伏不平，为立封。

3. 解冻期

当严冬结束，气温逐渐升高，河冰表面开始融化，融水渗入河冰，逐渐改变了河冰的结构，冰质变松。由于土壤吸热较河冰多，河冰先从岸边融化，逐渐脱岸，水位上涨，河冰上浮，加之一定的水力和风力，就会发生河冰滑动或开河。

河冰在气温升高时逐渐解冻，破碎冰随水流平稳流走或消融的现象，称为文开河。其水势平稳，历时较长，基本不会造成危害。当河冰尚未解体时，上游流量激增，河冰被水流冲破的开河方式，称为武开河。如果上下河段气温差异较大，春季气温上升，上段河道先行解冻，而下段河道仍然固土封，冰水齐下，水鼓冰开，为武开河的特征。

武开河水位变化迅猛，有大量流冰，且冰质坚硬，大量冰块在弯曲的狭窄河道内容易堵塞，形成冰坝。当河道里的冰凌严重阻塞水道时，水位上升速度快、幅度大，往往壅水成灾。鉴于这种现象在整个封冻与解冻期间均可能发生，故称之为凌汛。

4.4.2 凌汛的特点及影响

国内凌汛多集中分布在我国北方地区的黄河流域、东北各河流和新疆地区。黄河凌汛主要集中在上游宁蒙河段、中游河曲河段和黄河下游河段，其中上游宁蒙河段和黄河下游河南、山东河段较为常见。黄河下游河道是举世闻名的地上悬河，河道上宽下窄，河流流向由低纬度向高纬度，南北纬度相差 3°，凌汛期常出现冰塞、冰坝等现象，造成堤坝决口，引发重大灾情。黄河上游宁蒙段凌汛期，年年都有不同程度的凌汛灾情发生。这两段河道的共同特点是：河道比降小，流速缓慢，都是从低纬度流向高纬度，冬季气温河流上游相对下游暖，结冰时冰厚上游相对下游薄，故封河时是从河流的下游往上游发展，开河时自上游流向下游。黄河上游凌情总体呈现以下特点：蓄水量大、封冻河段长、冰层较薄、流凌和首封日期推后、开河日期提前、封河和开河水位高、最大冰厚明显变薄。在黄河下游，河道封冻期为 12 月至次年 2 月，历年冬季气温变化趋势与凌汛期、河道结冰、岸冰厚度的变化趋势具有显著的对应关系，河道封河均发生在强寒潮过后 1～2 天。其中，20 世纪 90 年代黄河下游河段的凌汛情况是 20 世纪下半叶以来封河长度最短、冰量最少、流量最小、封河时气温最高的十年。黄河凌汛驰名中外，特别是宁夏、内蒙古河段及河南、山东河段，凌汛严重，灾情频繁。黄河下游自 1950 年以来，多次产生过冰坝，其中 1951 年和 1955 年的冰坝最为严重，都发生决口灾害。

东北地区容易发生冰凌洪水的河流主要集中在 46°N 以北的黑龙江中上游河段、松花江依兰以下河段，以及嫩江上游河段。冰情主要为冰塞、冰坝，尤其是冰坝更为突出。这些典型河段有 30%～40%的年份最高水位出现在春凌汛期，20%～30%的年份出现冰坝。当然，东北一些北部山区性中小河流在秋季河槽蓄水，冬季积雪或开江期降雨集中、气温急剧回升等条件下，也会发生不同程度的冰坝冰情现象。

黑龙江中上游是冰凌洪水的高发区，局部河段冰凌的堵塞几乎每年都有，具有一定规模的冰坝平均每 3 年发生一次。自 1896 年有水文记载以来，黑龙江上游大型冰坝出现过 10 余次，历史上较严重的冰坝发生在 1956 年、1958 年、1960 年、1971 年、1973 年、

1985年和2000年。1985年冰坝是近百年来最突出的一次，其形成的凌汛洪水波及范围广，灾害严重，实属罕见。该河段发生冰坝多属河床阻塞型，即是在解冻开河期，上游流动的水流和浮冰在束窄、急弯或浅滩处封冻边缘，因过水能力减小而形成的冰凌堆积、河道堵塞、明显壅高上游水位的现象。故该类型冰坝又多属冰水流量叠加组合型，具有强度大、距离长、稳定度高、持续时间久、涨落急剧的特点。

松花江干流依兰以下河段，也是冰凌洪水的高发区。据依兰水文站1915～1999年资料统计，年最高水位出现在凌汛期的占67.2%。嫩江上游冰凌洪水也很频繁，据历年水位资料统计，上游石灰窑至库漠屯河段年最高水位出现在凌汛期的超过40%。

嫩江上游冰坝凌汛水源充足，凌汛洪水波及范围大、灾害严重，1957年发生的冰坝长度一般在10～20km，大江河为30～50km，洪水从石灰窑站起波及大赉站，相距约900km，中小河流洪水影响范围也一般在100km以上。1984年4月上旬，受气温连续升高及伴有大风、降水等天气过程，嫩江上游各支流水系水位急剧上涨，在长度为206km的江段上出现了多处冰坝和冰凌卡塞现象，造成了继1957年之后的第二次冰坝大凌汛洪水。

新疆地区地势由三山两盆构成，大部分河道为内陆河，由山区流向盆地，冬季的冰凌洪水主要是山区河段大量流凌在弯曲、峡谷段堵塞所致。由于冬季河流流量小，山麓地区河道比较宽，行洪能力比较大，加上盆地边缘人烟稀少，没有形成明显的冰凌灾害，但是凌汛期的冰坝溃决洪水对引水式电站引水口及引水渠道安全构成了较大威胁。天山北坡的四棵树河是新疆地区凌汛最严重的河流之一。四棵树河上游的山区河谷深切狭窄，横断面呈V字形，多次出现急弯，水系呈羽状分布，容易发生堵塞形成冰坝。当发展到一定规模可导致河流溃决，冰水俱下形成洪水。自有资料记载以来，四棵树河历史最大冰洪流量出现于1984年12月17日，洪峰流量高达467m^3/s，约为多年平均流量（9.16m^3/s）的51倍，是夏季最大洪峰流量（207m^3/s）的2.3倍。

凌汛危害主要表现为三个方面：①冰塞形成的洪水危害，通常发生在封冻期，且多发生在急坡变缓和水库的回水末端，持续时间较长，逐步抬高水位，对工程设施及人类有较大的危害；②冰坝引起的洪水危害，通常发生在解冻期，冰坝形成后，冰坝上游水位骤涨，堤防溃决，洪水泛滥成灾；③冰压力引起的危害，冰压力是冰直接作用于建筑物上的力，包括由于大面积冰层受风和水剪力的作用，建筑物受流冰的冲击而产生的压力。

4.4.3 凌汛灾害的防治

1. 完善凌汛灾害的监测

在观测中除应用常规的仪器测量冰厚、冰花厚、水深、水位测量、水温、冰凌和冰坝等，逐步建立一个科学的完善的冰情站网。还要引进先进技术，如精密水温计航测法和遥感技术等。

2. 加强冰情试验研究和模型试验

为了探求冰情的变化规律，除做好一般水文站的冰情观测外，还必须开展重点试验研究。根据各地区不同冰情特点，选择适当河段和测站重点研究流冰堵塞河、渠的变化过程及其形成生消规律。此外，对于冰塞冰坝的生消变化和结构可开展模型试验和冰物理试验。

3. 防凌调度

除加强堤防、打冰、撒土、爆破、炮轰、飞机炸和破冰船破冰等措施之外，20世纪60年代以后三门峡水库采用防凌调度的方法，效果明显，但尚不能完全解决黄河下游凌汛威胁，必须采取调破结合的办法。

思考题

1. 陆地冰冻圈灾害主要有哪些类型？其中，雪崩灾害的成灾机理是什么？

2. 冰湖溃决洪水灾害发生的诱因有哪些？温度上升从哪些方面影响到冰湖溃决洪水的发生？

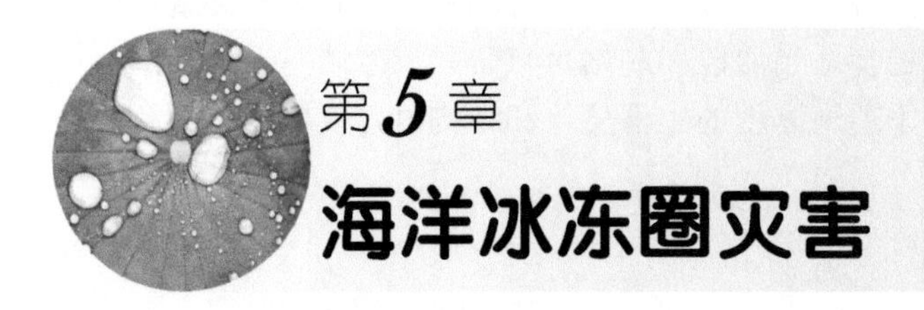

第5章 海洋冰冻圈灾害

海洋冰冻圈灾害主要是指海冰、冰山、多年冻土海岸侵蚀和海平面上升等引发的灾害。海冰冰情严重时将致使航道受阻、海洋工程破坏、港口码头封冻、水产养殖受损等；近年冰山的形成和流动呈加速的趋势，对航海安全等构成严重隐患；多年冻土海岸侵蚀加剧将导致海岸土地资源大量流失，并破坏沿海基础设施，进而成为北极地区重要的环境问题；海平面上升则是人为气候变暖最为严重的后果之一。这些灾害均由冰冻圈的某些过程或事件触发，会对一个社区或社会系统造成人员伤亡及资产、经济或环境损失等不利的影响。

5.1 海 冰 灾 害

5.1.1 海冰与海冰灾害的形成

海冰是指海洋表面的海水在低温下冻结形成的冰体，为淡水冰晶、盐分和气泡的混合物。另外，海冰表面的降水再冻结也被视为海冰的一部分。海冰主要分布在南极和北极地区，其中北半球海冰分布的南界大致位于中国渤海和黄海北部（约 38°N），在大西洋一侧，由于大西洋暖流的影响，海冰分布的南界在 66°～70°N 一带；而南半球的海冰仅在南极洲附近生成，并向北延伸至 55°S 附近。

海冰灾害是指由海冰引起的、影响到人类在海岸或海上活动及设施安全运行的灾害，特别是造成生命和资源财产损失的事件，如航道阻塞、船只及海上设施和海岸工程损坏、港口码头封冻、水产养殖受损等。海冰灾害是海冰冰厚、海冰范围、洋流、风力等因素综合作用的结果，冬季的严寒是造成海冰灾害的主要原因。海冰灾害的形成，首先须出现局部海域甚至大范围海域的严重冰封，而出现严重冰封的关键，则是由于寒潮频繁入侵所造成的长时间、持续的偏低气温。其次，大量的降雪有助于冰封的形成，因为降雪进入海水中会促使水温迅速降低并增加凝结核，易使海水冻结；降到温度接近冰点海水中的雪，不会直接融化而是形成“糊状冰”或“黏冰”；降至冰面上的雪，则会使得海冰的厚度逐渐增加，促使冰情进一步加重。海冰运动时所产生的推力主要与冰块的大小及其运动速度有关，如一块 $6km^2$、厚度为 1.5m 的大冰块，在流速不太大的情况下，其推力即可达 4000t，这足以推倒石油开采平台等海上工程建筑物。海冰的破坏力除推压力外，还包括海冰胀压产生的破坏力和受潮汐的升降作用产生的海冰竖向破坏力。

5.1.2　海冰灾害的特征

海冰灾害发生时，海冰会封锁航道和港口，破坏海港设施；同时流冰的切割、碰撞和挟持，将严重威胁舰船航行的安全。根据国内外海冰灾害历史事故的案例分析，海冰产生破坏作用的主要因素包括：极值冰力、交变冰力、海冰堆积及冻胀力；海冰造成的主要事故类型包括：结构整体坍塌、结构局部构件损坏、重要设备损坏和要害通道堵塞等（表 5.1）。

表 5.1　海冰灾害与海洋工程风险类型

风险源	风险类型	案例
极值冰力	结构整体坍塌	1969 年“海二井”的生活设备和钻井平台在海冰的巨大推力下倒塌；“海四井”的烽火台被海冰推倒
	结构迎冰面破损	
交变冰力	结构整体坍塌	20 世纪 70 年代芬兰波斯尼亚湾多座灯塔被流冰推倒
	构件疲劳断裂	2000 年，中南平台号井排空管线疲劳断裂，天然气漏，平台关断停产
	构件局部磨损 重要设备损坏	渤海冰区某石油平台桩腿外加立管，水面上的管卡根部发生开裂，裂纹长度达到支撑杆周长的 1/3
海冰堆积	结构整体失稳	2007 年辽宁省葫芦岛市龙港区先锋渔场，坚硬的冰块堆积上岸推倒民房
	重要构件失效	
	取水口堵塞	绥中电厂、黄骅电厂和丹东电厂都曾经发生过取水口被海冰堵塞的情况
	重要设备损坏	
冻胀力	结构整体坍塌	因潮位变化引发的海冰冻结力和上拔力，Great Lake 港口桩被拔出
	构件局部构件破损	

按照海冰对人类及生态系统的影响，可以将海冰灾害分为三种不同的尺度：①与夏季冰量迅速减少有关的灾害风险，如海洋生态系统的地理变化和海底冻土及毗邻土地的升温；这类灾害事件一般是海冰对于大气环境的作用，如海冰对全球气候的调节作用及其海冰对大气的正反馈作用等，通常为区域性甚至是半球尺度的缓发事件；②由于海冰范围和动力学变化造成的短期危险，如在区域尺度上加剧沿海海岸侵蚀及威胁沿海基础设施等；③由于海冰灾害和人类活动，尤其是涉及特定资产的海运或近海资源开发等相结合而产生的直接风险和潜在灾害，通常与局域尺度的突发事件相关，但局域性灾害事件甚至可能会产生大区域尺度上的影响，如海冰引发的海上漏油事件等。

5.1.3　海冰灾害的影响

海冰的生消、结冰范围及海冰漂移均会对海上经济活动产生直接影响。目前海冰灾

害的影响大致可以归纳为以下几个部分：①封锁港口和航道，破坏航道设施，致使港口无法正常作业而造成直接的经济损失，甚至还可能造成船毁人亡的重大海难事故，或由于大量增加破冰船破冰而产生高昂的引航费用，或会延误工期，增加成本等；②海冰的冻融过程中冰温变化引起的膨胀力与垂直方向上的拔力，会对海洋工程建筑物、海上能源开采设施等各种海上设施造成撞击磨损与破坏，如一旦海上的大型油轮或石油平台被海冰撞损或推倒，轻则影响海洋油气开采等海洋工程作业，产生经济损失，重则推倒海上石油开采平台，进而产生溢油事故，严重污染海洋环境；③阻碍船只航行，破坏螺旋桨或船体，致使船舶丧失航行能力，或撞击、挤压损毁船只，造成锚泊的船只走锚、航行船只偏离航线、搁浅、触礁等灾难性事故的发生；④造成渔业休渔期过长、破坏海水养殖设施、场地等，进而产生经济损失。我国的渤海和黄海北部海域每年冬季进入结冰期，历史上这些结冰海区曾多次发生海冰灾害，对人民群众的生产、生活，以及国民经济建设和国防建设危害巨大。渤海地区每年进入结冰期后，渔船将无法出海捕鱼作业，冰情严重时，近岸海面的海产品养殖区和滩涂养殖区经常会被沿岸冰体覆盖，浮冰会割断养殖缆绳和浮标，致使网箱鱼类、扇贝和海带等养殖产品遭受损失。覆盖在滩涂上或浅水区的海冰所产生的严重低温还会使贝类、鱼类和底息生物直接冻死或因供氧不足而死亡。

不同性质的承灾体在不同海冰要素的作用下发生的灾害和受灾程度也不尽相同。

（1）港口码头主要关注的是海冰厚度及其持续时间。如果冰厚较小或持续时间较短，一般不影响港口的正常作业，但是冰厚较大则会导致船只无法正常靠泊，而冰期延长则可能造成更大的经济损失。例如，2010 年 1 月 15 日，一艘装载 1000t 燃料油，从宁波到潍坊的轮船在潍坊港北部海域 8nmi（1nmi=1852m）处遭遇船舱体被海冰挤漏。潍坊边防支队央子边防派出所以及当地海事和港口部门联合救援，通过破冰和拖船牵引才使其到达港口。

（2）对海洋石油钻井平台而言，结冰范围、冰厚和冰速等都是影响平台安全生产的重要因素。结冰范围的大小直接决定了平台设施是否会受到海冰的影响，而冰厚和冰速则决定了平台设施的安全程度。当冰厚及冰速较大时，轻则引起平台震动、设施松动，重则摧毁或撞倒平台设施，进而造成重大海难事故，且冰期越长，对海上平台的生产及安全的影响就越大。

（3）海冰水产养殖业更多关注的则是结冰范围和冰期长短。结冰范围越大，海水养殖及其设施受影响程度越大；冰期越长，造成的经济损失也越严重。此外，海冰的加速消融同样会威胁到极地与副极地地区生物的生存、加快海平面上升速率与海岸侵蚀，加大海洋表面资源勘探与开采设施的建设与维护难度。

5.1.4 海冰灾害的防治

首先，考虑到影响海冰灾害事件发生与加剧因素的多样性与复杂性，需要采用综合性的方法和手段，健全和完善海冰观测网，收集和获取与灾害预防及应对相关的海冰信息，加强对海冰的监控与探测，以预防和减轻这一灾害事件及其造成的不利影响。世界上海冰灾害多发的海洋国家如俄罗斯、美国、加拿大和芬兰等国，都非常重视海冰的观测、研究及预报。目前很多国家都已建立了包括海洋站、现场勘察、调查船、飞机、雷达和卫星遥感等在内的立体海冰监测网，能够及时获取多种海冰、水文和气象监测数据，为海冰预报的发展和深入研究奠定了基础。我国的海冰监测开始于 1958 年的全国海洋普查，到 2010 年，我国国家海洋局在渤海启用我国首辆海洋灾害应急移动监测车"海洋一号"，它集合了海冰雷达监测，以及气象、风速、风向、水温、气压等相关观测数据的监测，同时配备 GPS，具有无线电信息传输等功能。海冰灾害应急检测车可随时深入冰情严重的灾区开展由点到面的整体监测。总之，为适应海洋开发和海洋减灾的需要，必须逐步采用先进的技术设备，进一步完善沿岸和岛屿的海洋观测站网，加强岸基雷达、海上船舶，以及飞机和卫星遥感的协同观测，改进资料处理技术和分析方法，在海冰灾害发生期，进行持续性的海冰观测监视，及时进行冰情预报。而且，在健全监测网的同时，必须完善传送情报信息的通信网络，以便保证海上灾情的监视资料能够及时、迅速、准确地传递到各级有关部门，有效发挥情报信息在防灾减灾中的实时效益。

其次，应逐步加强海冰灾害机理研究与海冰灾害档案的建立，逐步建立完善的海冰灾害与潜在风险评估与预报系统。依托卫星遥感、飞机航测、雷达、船舶和海洋站监测领海海域冰情监测数据，加强海冰灾害机理研究与海冰灾害档案的建立，为海冰灾害应急预警系统提供可靠决策依据。研究海冰灾害的发生机理，掌握海冰灾害的发生、发展和变化规律，进行海冰物理力学性质、海冰与结构物相互作用，以及防冰抗冰、灾害防御对策等研究，为海冰灾害评价与预报奠定基础。评估海冰灾害与潜在风险，有助于灾害风险和应急管理的长期规划和协调。在海冰灾害风险评估过程中，除了选取冰情的严重程度作为海冰灾害的危险性指标外，还需要考虑人类活动、基础设施、生态系统服务的类型及强度等潜在影响因素。海冰预报为海上航运、海洋石油、海洋水产养殖和捕捞等部门提供冬季安全生产保障，在防灾减灾工作中发挥了重要作用。海冰经验统计预报和数值预报已经成为海洋环境预报不可或缺的重要组成部分，目前可根据大气环流形势、气温、冷空气活动，以及海水温度、盐度、海流等相关气象、水文资料，采用经验统计方法和数值预报方法制作海冰预报。

再次，应进一步增强海冰灾害的防灾减灾意识。随着海岸带的开发利用、北极航道的逐步开通和海上资源与能源开采的发展，海冰灾害造成的经济损失将迅速增加，海冰灾害造成的衍生性间接经济损失也会增大。因此，在结冰海区进行海上经济开发活动时，必须考虑海冰的影响，进一步增强防御海冰灾害的意识。此外，为进一步提高海洋灾害预（警）报工作的针对性和可操作性，各国需组织专家编制完成海冰应急响应标准和防御指南。以我国为例，我国新编的《海冰灾害应急响应标准》规定海冰灾害应急响应分为Ⅰ、Ⅱ、Ⅲ、Ⅳ四级，分别表示特别严重、严重、较重、一般，颜色依次为红色、橙色、黄色和蓝色。

最后，需要建立统一协调的北极地区防灾救灾指挥和救助系统。北极地区提供的资源、能源、旅游及科学研究等涉及多个国家的利益，北极海冰灾害的预防将涉及更为复杂的机构与部门。因此必须建立具有权威性的统一的指挥系统和救助组织，加强国际合作与交流，制订切实可行的海冰灾害防御规划、计划和执行方案，储备必要的防灾救灾技术装备。国际极地年（2007～2008 年）对极地环境观测网络的形成起到了重大的推动作用。目前，在北极已经形成了一些持续的国家和国际观察计划，如美国的跨部门北极观测网络，北极沿海国和从事北极研究的其他国家也开始逐步参与其中，为北极地区环境安全和应急反应方面提供了数据和信息。同时，通过北极理事会，北极沿海国已就北极的航空和海上搜救，以及预防北极海洋石油污染方面的合作达成协议。随着这类国际合作的深入，各国应协调统一跟踪和监测危险源，提升应对能力，有效地预防北极海上事故或其他自然灾害的不利影响。

5.2 冰山灾害

5.2.1 冰山的形成与分布

冰山是指冰盖和冰架边缘或冰川末端崩解进入水体的大块淡水冰体，大量冰山进入海洋后可改变海洋的温度和盐度。冰山寿命的长短主要取决于冰山自身的大小及其漂流过程，有些可能会随风和洋流漂流 10 年之久，有些则会在 1～2 年内消融，洋流会将冰山带入暖水区域，从而加速冰山的融化过程。冰山的形成与冰川运动、冰裂隙发育程度、海洋条件、海冰范围和天气条件等多种因素有关。由于较暖的天气会使冰川或冰盖边缘发生分裂的速度加快，因此，一般而言，冰山大多在春夏两季内形成，而近年来全球气候变暖可加速冰山的形成和流动。

按照冰山形状和大小的不同，可以将其划分为不同的类型。世界气象组织依据形状的差异将其分为冰山、小型冰山及碎冰山三类，按照冰山的出水高度是否高于 5m 又细分为平顶、圆丘形、尖顶冰山等。小型冰山的出水高度在 1～5m，面积通常在 100～300m^2，碎冰山的出水高度低于 1m，面积一般是 20m^2 左右。国际冰巡逻队（IIP）基于冰山尺寸的差异建立了冰山的分类系统，目前国际上按照冰山尺寸和大小进行的冰山分类主要是使用该分类系统（表 5.2）。

表 5.2　依据大小级别对冰山的分类

大小分类	高度	长度
极小	小于 1m	小于 5m
较小	1～5m	5～15m
小	5～15m	15～60m
中	15～45m	60～120m
大	45～75m	120～200m

南极冰盖和格陵兰冰盖是全球冰山的主要来源区。其中，地球上的大多数冰山来源于南极冰盖，南大洋冰山的总量可达 20 万座，数量约占全球冰山总量的 93%，总

重量达 10^{15}kg。2017 年 7 月南极 Larsen C 冰架边缘崩解出的 A-68 冰山，面积达 5000km²，是有记录以来的最大冰山之一。目前美国国家冰中心（NIC）和 Brigham Young University（BYU）已建立了过去几十年全南极的崩解冰山数据库，对冰山实行周期为 15～20 天连续跟踪，监测记录了大小为 176～2109km²的大型平顶冰山，而北半球的冰山来自格陵兰冰盖、加拿大北极地区、挪威斯瓦尔巴群岛和俄罗斯北极地区的冰架，主要为格陵兰冰盖西侧，据估计，该地区每年大约会分离出 1 万座冰山。阿拉斯加的一些冰川，如哥伦比亚冰川也有冰山崩解。北冰洋冰山分布最著名的地点是大西洋西北部，因为这里是世界上冰山分布与跨洋运输线的唯一相交区域，1912 年泰坦尼克号即是在此区域中撞上冰山而沉没的。

5.2.2　冰山的危害与预防

由于冰的密度约为 0.917kg/m，小于约为 1.025kg/m 的海水密度，所以冰山约有 90% 的体积沉在海水表面以下，而且非常结实，加之冰山运动时所产生的推力和撞击力巨大，会对航海安全、海上交通运输等造成严重的危害。近年来，轮船与冰山发生撞击的事故仍然不时发生并呈上升趋势，统计显示，1980～2005 年，北半球共发生了 57 起与冰山有关的海上事故，事故率为每年 2.3 起。2007 年 11 月，美国探索号在南极海域撞上冰山，沉没在海洋中，船上 154 人弃船逃生。受气候变暖的影响，极地地区的冰山生成与消融速度可能会因此加快，这不仅会对海上航道运输造成不利的影响，同时也会成为影响海平面上升的重要因素。此外，由于海上冰山数量与体积的迅速改变，极地地区的海上油气等资源开采平台的安装、作业及维护等也将面临更加严峻的挑战。

冰山的形成和发展对于海域生态环境也会产生影响。例如，1987 年自南极洲西部的罗斯冰架脱离的大型冰山 B-09B，沿南极海岸向西漂移数千千米，最终于 2010 年同南极洲东部约 80km 长的莫兹冰川（Mertz Glacier）的漂浮冰舌相撞，导致该冰川的冰舌断裂。这一事件直接造成了附近海域海豚数量的减少，同时使得海域内温盐环流的形成和当地企鹅的栖息地环境受到了不利的影响。此外，大冰山的断裂和漂移会产生能够引起局部海啸的浅水波浪，会对区域内，尤其是格陵兰岛峡湾地区的居民点造成灾难性的影响。

冰山灾害以主动预防为主。泰坦尼克号的惨剧促使了“国际冰情巡逻队”等监控极地冰山海域组织的建立和发展，冰山的监测和研究、冰山灾害的预防等取得了长足的发展。在冰山监测上由现场勘察、调查船发展到飞机、雷达和卫星遥感大范围冰山监测网的动态监测，舰载雷达、空中巡逻等技术手段不断被运用到海域冰山监测与预警工作中。冰山灾害的预防是一项复杂的系统工程，需要海洋、气象、交通及科研机构等部门通力配合应对，以形成管理层次分明、调度指挥有序、责任明确、防御科学合理的工作流程。此外，由于冰山灾害多发生在中高纬度海域，一般具有突发性，更需要充分发挥诸如国际冰情巡逻队等国际组织的作用，建立多国协同应对的国际冰山灾害联动防御救助机制。

5.3 多年冻土海岸侵蚀

5.3.1 海岸侵蚀的形成

多年冻土海岸侵蚀是指近海岸地区波浪的动能作用与多年冻土的退化等造成的极地海岸的侵蚀与破坏。由于地处高纬度地区，气温较低，因此北极地区的海岸带多为多年冻土或季节性冻土，并且约 65%的北极海岸带由较为松散的颗粒状物质构成，其中大部分为含冰量很高的沉积低地，对波浪运动、风暴潮及气候变化等更为敏感，北极海岸的退化是全球复杂的海陆间相互作用的主要过程之一。

北极地区海岸侵蚀包括海浪对海岸峭壁的冲蚀（波浪侵蚀）和冻融，以及海滩区域沉积物的大量流失与迁移（热力剥蚀）。其中，影响多年冻土海岸带因侵蚀而发生崩塌的海洋环境要素主要有海冰、波浪和海流等，但它们对海岸线的作用不会同步发生，当冬季海面开始冻结时，海岸带活动层率先冻结，由于没有完全冻结，海冰能够直接作用在融土上，造成海岸侵蚀；当海面被海冰覆盖后，波浪的能量被海冰吸收，波浪传递到海岸的作用力减少，能够减缓或阻滞极地海岸侵蚀过程。一旦夏季海冰消失，海浪的动能逐渐增强，同时活动层厚度增加，波浪和海流的作用力直接作用到海岸上，加剧了极地海岸侵蚀过程（图 5.1）。海岸侵蚀速率对海浪高度变化极为敏感，模拟显示，不同浪高量可使阿拉斯加的波弗特海岸侵蚀速率最大相差可达 4～148 倍（图 5.2）。

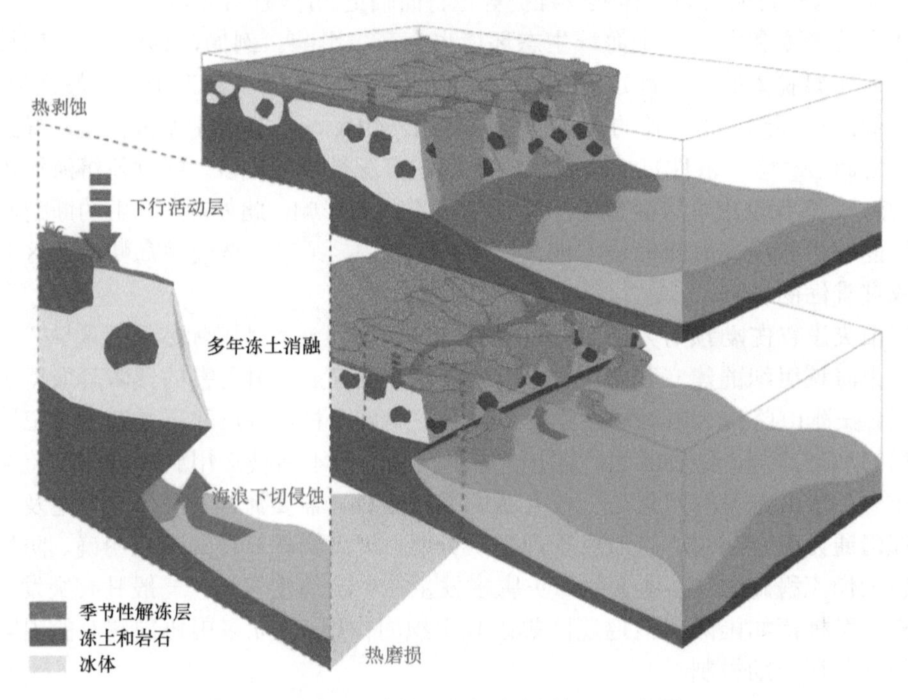

图 5.1　海平面与冻土活动层深度位置的侵蚀崩塌机理示意图（AWI，2013）

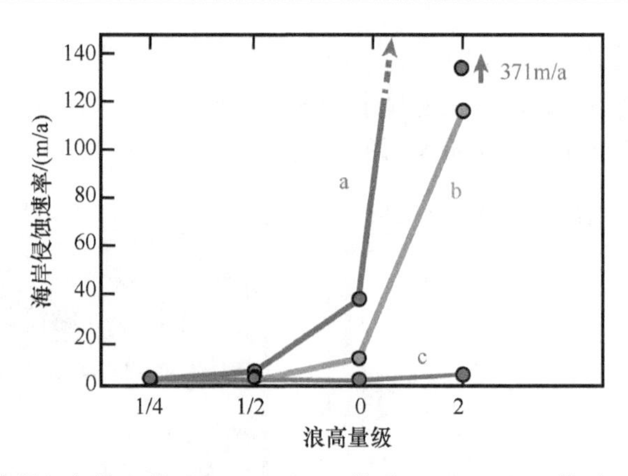

图 5.2　不同浪高量级条件下基于 Russell-Head 模型（a）、White 模型（b）和 Kobayashi（c）模型对阿拉斯加的波弗特海岸侵蚀速率的差异模拟（Barnhart et al.，2014）

海冰刚开始冻结时冰体对多年冻土活动层的作用时段和夏季海冰消融后波浪和海流对多年冻土活动层的作用时段，是引起北冰洋海岸带侵蚀崩塌的严重时段。一般认为，强烈的暴风在海岸侵蚀过程中占据主导作用。然而情况并非总是如此，如造成俄罗斯西部的亚极地地区海岸侵蚀的最主要原因是悬崖底部的波浪运动。由于风暴潮仅约占全年波浪能的 1/4，相比于伴随着强烈的风暴潮而形成的短时海浪运动，持续的海浪活动对海岸的侵蚀更加强烈。热力剥蚀则是指多年冻土海岸带受气温影响，在冻融过程中产生的水分迁移导致的海岸带崩塌。由于冻土融化过程中产生的含水量增加，水分向外的迁移，加剧了海岸的不稳定性和海岸侵蚀的形成；在冻土与融土界面处是一个极易发生滑动的潜在剪切面，如果活动层同水面接近，海洋环境给予的外力作用力，就会促进和加快融土的崩塌，从而造成海岸侵蚀。由此可见，高水位是侵蚀的先决条件，未来无冰期的增加，风暴强度的潜在变化，海浪高度、水温、冻土温度和海平面的升高都将对海岸侵蚀产生深刻影响。

5.3.2　海岸侵蚀的特征

全球气候变暖导致北极地区气温上升、海冰范围缩减，北冰洋洋面无冰期不断延长。尽管目前尚没有直接的证据表明气温升高会对极地海岸侵蚀产生直接影响，但北冰洋洋面无冰期延长很可能会间接导致极地海岸侵蚀率的增加。一方面，海平面的升高同多年冻土活动层加深的共同作用将会加剧极地地区的海岸侵蚀。过去，夏季虽然也存在无冰期，但由于活动层在海面之上，多年冻土海岸带的崩塌仅受热力过程的作用，而一旦海平面上升，活动层深度到达水面之下，波浪将直接作用于软弱的活动层，海岸带掏空导致的侵蚀就会加剧。另一方面，海平面的升高导致海浪运动不断增强，致使海岸带的侵蚀逐渐增加。据调查，结冰期的缩短与北极海冰的缩小与减薄，是阿拉斯加和西伯利亚海岸线以每年数米的速度退化的主要原因。

高分辨卫星遥感能够监测到极地海岸侵蚀的快速变化，图 5.3 显示了北冰洋多年冻土海岸带在 36 天内的侵蚀过程。在观测年份的第 179 天（观测年份的 1 月 1 日为第 1

天)，海岸附近仍存在海冰，第191天，海岸带附近的海冰消失，此后的24天内，岸边侵蚀崩塌，摄像器材倒地。图5.3还显示1980～2009年以来，夏季无冰日数从平均63天上升到105天，多年冻土海岸带崩塌的平均速率也从每年8.7m上升到每年14.4m。

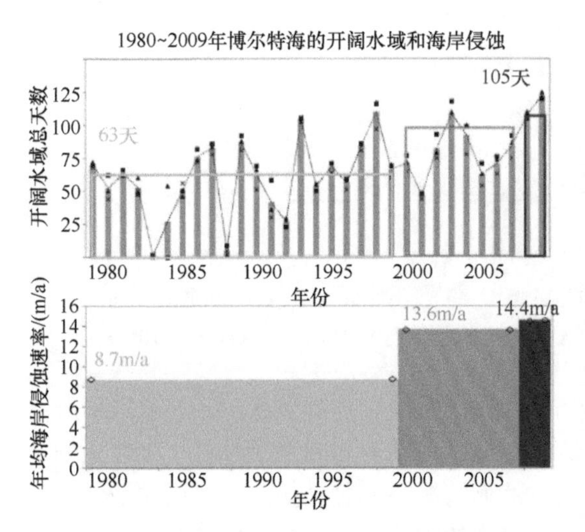

图5.3　多年冻土海岸带崩塌数据图（Overeem et al.，2011）

由于气候与地质条件等的差异，北极地区的海岸带侵蚀与退缩速率差异显著，从每年仅几厘米到30m不等，年均退缩率为0.5～2m/a。总体而言，主要由高含冰量的粉质沉积物构成（约90%）的海岸退缩速率最快，而含冰量较低的基岩海岸退缩速率最慢。自1999年开始，由国际多年冻土协会发起的北极海岸动力学计划，开始对北极海岸侵蚀率的时空变化开展监测。近期该组织发布的覆盖101500km海岸线的北极海岸地貌分类数据库显示，大约65%的北极海岸，如博福特、拉普捷夫、东西伯利亚海岸等均有地下冰体的存在。大量地下冰的存在产生了独特的热力机制，随着海-陆及陆-气热通量的改变，极地海岸带的脆弱性不断增加。

5.3.3　海岸侵蚀的危害

近年来的气候变暖引起的海冰大范围消融、人类对北极资源勘探和北极航道探索及北极科学考察逐步深入、环北极地区的大量人口与经济活动均聚集于沿海区域且不断加强等因素，导致了北极海岸气温与冻土温度的升高、海冰退缩及海岸侵蚀速率的加剧，对当地居民的生产生活与安全等均会产生一系列负面影响。首先，海岸侵蚀的加剧意味着更多的沿海沙滩与土地资源的大量流失。据测算，环极地海岸带的总长度为101500km，极地年均海岸带侵蚀率为0.5m/a，由此，每年环北极地区因海岸侵蚀而损失的土地面积达51km^2，相当于瑞士首都伯尔尼的占地面积，而两年的面积损失则相当于法国首都巴黎的大小。位于阿拉斯加西北部的一个当地聚落受沿海侵蚀的影响，土地资源大量流失，计划搬迁，为此将需要耗费约1亿7600万美元。其次，海岸侵蚀会导致多年冻土的进一步退化，同时还将伴随着大量沉积物和有机碳向海洋的释放。随着气温的增加和海冰范围的缩减，海浪活动的持续时间和强度将逐渐增加，多年冻土海岸将因逐渐消融而变得松散，从而进一步加速沿海海岸的侵蚀。一项研究估计，由于海岸侵蚀而进入卡拉海（Kara sea）的物质总量约为 3500 万 t，其中包括 40 万 t 有机碳，这与一些大江大河输入海洋的物质量基本相当，而有机碳是沿海地区海洋生物的重要养分来源，对于沿海地区海洋生物的生长与繁衍具有十分重要的作用。

人类在极地海岸地区不合理的活动会加剧海岸侵蚀速率和海岸退缩，而海岸带退缩的加快反过来又将会对极地海岸资源开采设施与人员安全产生威胁。例如，目前由于 Varandei（俄罗斯亚马尔半岛）周边油田的工业活动导致的沿海风沙天气加剧、物质流失，以及海岸侵蚀等引起的海岸退缩率约为自然环境下海岸退缩率的两倍。其中，对海岸线泥沙的开采与破坏、海岸带植被的退化等是导致沉积海岸内部消融加剧的关键因素，由此产生的松散沙丘更容易受到风的侵蚀，进而导致海岸退化。同时，沿海侵蚀的加剧会破坏沿海的基础设施与建设（图 5.4），这意味着将需要额外的费用来维持和修复现有的及计划中的沿海基础设施。

图 5.4　北极多年冻土海岸带侵蚀崩塌事实（AWI，2013）

5.3.4　海岸侵蚀的防治

为建立更加完备的北极多年冻土海岸侵蚀监测与预防手段，可以采取以下三个方面的措施。

首先，需要各地区建立和完善多年冻土海岸侵蚀监控网络，运用多种手段，加强监测调查，监控海岸侵蚀灾害的发展变化，以及与海岸侵蚀密切相关的人类活动和自然环境变化情况，集中建立海岸侵蚀数据库，适时采取积极稳妥的有针对性的应对措施。

其次，需要加强海平面上升对多年冻土海岸侵蚀灾害的影响研究，通过建设沿海验潮站，积累长期、连续、准确的潮位资料，掌握海平面的变化情况，科学预测未来海平面上升幅度及潮汐性质的变化。进一步加强海洋水沙动力、海岸带演变研究，分析海平

面上升对海岸侵蚀灾害的作用机制，构建多年冻土海岸带地质、地貌、动力环境，以及经济社会状况等关键因子数据库，进行灾害预测，建立客观实际的评价方法，开展海平面上升条件下海岸侵蚀灾害风险评价，为沿海地区防灾减灾工作提供决策支持。

最后，应根据自然环境特征、海岸带开发需要和海岸侵蚀现实状况，开发运用先进的防护工程手段和管理方法，建立科学有效的防护体系。此外，不合理的人类活动是目前造成多年冻土海岸侵蚀灾害的重要原因，因此必须建立健全的法规制度，严格管控北极海岸线开发利用程度和利用方式，加强对海洋工程建设的审查和环境评价，通过科学可持续的多年冻土海岸带管理，进一步降低海岸带的不稳定因素。

5.4 海平面上升

海平面加速上升被认为是人类社会面临的最重要的风险之一，特别是海岸带社区、城市和低洼小岛屿面临的严峻挑战。

5.4.1 海平面上升的影响因素

按照空间尺度的不同，可以将海平面分为区域海平面和地方海平面两种尺度，其中区域海平面指 100km 左右的空间尺度，而地方海平面指的是小于 10km 的尺度。从全球尺度来看，海平面上升是由海水的体积变化引起的，或者是由地下冰的损失和陆地水体的变化引起的海洋水量变化导致的。由于水量变化导致区域海平面上升的空间格局存在差异，因此海平面的变化在空间上并不均匀。这种差异是由重力和地球的自转变化，以及冰和水在地球表面上重新分布引起的。除了重力和地球自转效应外，固体地球响应长时间的变化，包括构造和地幔动力过程，冰期后的反弹，以及短时间内自然或人为因素引起的水、冰和沉积物的重新分配；风场、气压场、海-气热量和淡水通量、洋流阶段性和长期的变化驱动着海洋物质的动态重新分配等因素同样会引起海岸线附近陆地垂直运动和海洋表面变化，从而导致相对海平面的变化，即陆地和海面在给定时间和地点之间的海拔差异。

预估当地相对海平面上升情景需要考虑一系列影响海平面变化的过程及其空间格局，并应与预估的全球平均海平面上升幅度保持一致。可设累积海平面上升为

$$S_T=S_O+S_I+S_L+S_G \tag{5.1}$$

式中，S_T 为自基线以来的海平面变化；S_O 为海洋变化；S_I 为冰物质变化；S_L 为人为的陆地水储量变化；S_G 为地面的垂向运动。上述四个分量可进一步分解为冰盖物质变化、山地冰川物质变化、海洋过程、陆地水储量变化，以及构造和沉积物压实等过程。

5.4.2 过去和未来的海平面上升

海平面的波动总是与全球气候振荡及冰冻圈变化密切相关。末次间冰期（距今 129000～116000 年前）全球平均海平面（GMSL）约比现在高出 6m。末次冰盛期，GMSL

比现在的海平面约低 130m。距今 2 万年前末次冰盛期结束，冰盖开始融化，GMSL 在 1.3 万年时间内上升接近现在的海平面高度，上升最快时可超过每百年 4m。自 1880 年起，GMSL 上升了 21～24cm；自 1993 年，上升了约 8cm。19 世纪末以来的 GMSL 的上升速率比至少近 2800 年以来的任何时期都异常地快。

地面的垂向运动是影响相对海平面变化趋势的一个重要因素。许多大河口三角洲已经或正在面临严重的相对海平面上升，例如，珠江三角洲的相对海平面上升可能超过 7.5mm/a，长江三角洲为 3～28mm/a。一方面，在这些地区，自然和非气候过程如冰川均衡代偿作用（GIA）和沉积物压实导致相对海平面上升增加 0.5～2mm/a，而人工抽取地下水和开采石油/天然气进一步导致了相对海平面上升。另一方面，有些地区，如阿拉斯加南部地区，由于冰川均衡代偿作用，地面抬升大于 10mm/a，致使相对海平面趋势为负值。

从风险管理的视角，海平面上升的未来预估需要考虑强度（量级）和概率两方面。基于典型浓度路径，到 2100 年 GMSL 上升的六种情景及其超越概率列于表 5.3 中。值得注意的是，冰盖模式的最新结果尚未纳入表 5.3 的条件概率分析，上述结果是假设冰盖物质损失为恒定加速，情况可能并非如此。因此，海平面上升有可能在 21 世纪前期为中间情景，而在世纪末为高或极端情景。在 RCP2.6 和 RCP8.5 情景下，超过低情景的概率分别为 94%和 100%，而超过极端情景的概率分别为 0.05%和 0.1%。然而，新的证据显示南极冰盖物质损失如果持续加速，特别是在 RCP8.5 情景下，可能会显著增加中-高、高和极端情景的概率。

表 5.3　2100 年 GMSL（中位值）情景的超越概率　　（单位：%）

GMSL 上升情景	RCP2.6	RCP4.5	RCP8.5
低（0.3m）	94	98	100
中-低（0.5m）	94	98	100
中（1.0m）	2	3	17
中-高（1.5m）	0.40	0.50	1.30
高（2.0m）	0.10	0.10	0.30
极端（2.5m）	0.05	0.05	0.10

大多数研究只给出了 21 世纪 GMSL 的变化趋势，以及到 2100 年的上升情景，但认识到 2100 年之后 GMSL 不会停止上升是重要的，因为研究结果认为未来几个世纪海平面将继续升高。到 2200 年，0.3～2.5m 的 GMSL 上升范围将增加到 0.4～9.7m（表 5.4）。从表 5.4 可得，在低情景下 GMSL 上升会减速，到 2200 年只略有增加；中-低情景下将温和地持续加速，而在其余情景下，将显著加速（表 5.4）。21 世纪 GMSL 上升速率从低情景下近似恒定的 3mm/a，到世纪末其他情景下的 5～44mm/a，显示出不同的加速度。2200 年 GMSL 上升量并不一定反映了冰盖、冰崖、冰架反馈过程可能的最大贡献，而这些过程有可能显著增加 GMSL 的上升量。

表 5.4 自 2000 年起算的 GMSL 上升情景（19 年的平均中值）（单位：m）

GMSL 情景	2010 年	2020 年	2030 年	2040 年	2050 年	2060 年	2080 年	2090 年	2100 年	2120 年	2150 年	2200 年
低	0.03	0.06	0.09	0.13	0.16	0.19	0.25	0.28	0.3	0.34	0.37	0.39
中低	0.04	0.08	0.13	0.18	0.24	0.29	0.4	0.45	0.5	0.6	0.73	0.95
中	0.04	0.1	0.16	0.25	0.34	0.45	0.71	0.85	1	1.3	1.8	2.8
中高	0.05	0.1	0.19	0.3	0.44	0.6	1	1.2	1.5	2	3.1	5.1
高	0.05	0.11	0.21	0.36	0.54	0.77	1.3	1.7	2	2.8	4.3	7.5
极端	0.04	0.11	0.24	0.41	0.63	0.9	1.6	2	2.5	3.6	5.5	9.7

至于实际的 GMSL 上升情景，在 21 世纪早期，可能是与中-低或中间情景相当的上升幅度。由于冰盖物质损失率可能并非呈线性变化，在 21 世纪晚期，GMSL 上升速率可能会转向更高的情景，并可能超过预估的所有速率。地质记录表明，末次冰退期（20000～9000 年前）期间，GMSL 上升速率约大于 10mm/a，在融水脉冲阶段速率大于 40mm/a。

5.4.3 海平面上升的影响

海平面上升将与极端事件（如风暴）相结合形成海岸带的致灾事件（海洋洪水、海岸侵蚀等），进而影响生态系统（沼泽和红树林、珊瑚礁、海草），自然资源（如地下水）和生态系统服务（如海岸保护）。与人为驱动因素的影响一起，直接和间接地影响人文系统（human system），如人、资产、基础设施、农业、旅游业、渔业和水产养殖，以及社会经济的不公平和福祉等。

本节主要阐述海平面上升引发的海岸洪水、海岸侵蚀和盐渍化及其影响，这些影响可能是暂时性的（如由于风暴事件），或永久性的。其他过程也会叠加作用于上述影响，如缺少河流提供的沉积物；冻土融化和冰川退缩；或者通过海岸开发和活动，如土地复垦或采砂，破坏了自然的动力过程。

1. 海岸洪水

海平面上升已经并将继续极大地增加海岸洪水发生的频率和强度。海岸洪水已经影响到世界各地的三角洲，1990～2010 年，在 260000km^2 的沿海低地暂时性受淹。风暴潮叠加在上升的海平面上，导致底摩擦减小，浪高加强，风暴增水的高度被抬升，最终使得洪水淹没范围扩大。政府间气候变化专门委员会（IPCC）第五次评估报告认为温和的海平面上升（0.5m）也将使许多沿海地区的海岸洪水频率增加 100 倍甚至 1000 倍。最新的研究发现纽约市的风暴洪水风险已经并还将大幅度增加，其增幅几乎完全由海平面上升驱动。由于海平面上升，工业革命前纽约市 500 年一遇的风暴洪水已变成现在的 25 年一遇。自 1900 年，纽约市的海平面上升了约 30cm，使得 2012 年桑迪飓风造成的风暴洪水淹没范围扩大了约 64.75km^2，纽约和新泽西的受淹家庭人数额外增加了 8 万多人。在未来的 30 年，纽约市工业革命前 500 年一遇的风暴洪水将变为 5 年一遇。并且，采用不同的海平面上升情景，50 年一遇的风暴洪水事件将从现在高于平均潮位的 3.4m，上升到 21 世纪末的 4～5.1m。在大多数预测中，2030～2050 年海平面上升只有 5～10cm，但在许多地区，尤其是热带地区，海岸洪水频率将增加一倍。

虽然沿海低地仅占全球土地面积的 2%，却拥有世界总人口的 10%和城市人口的 13%，并且拥有大量城市与经济中心、重要基础设施和生物多样性的土地。全球共有 3351 座城市位于沿海低地，20 座特大城市中有 13 个分布在沿海地区。与此同时，沿海低地的城市增长和扩张速度要远高于其他地区。受海平面上升、地面沉降，以及人口、经济增长和城市化的影响，21 世纪沿海低地的人口和资产暴露于海平面上升和自然灾害的风险将显著增加，特别是台风风暴洪水巨灾将导致沿海低地严重的社会稳定问题和安全风险隐患。如不采取适应措施，到 2100 年，数以百万的人口将因为风暴洪水的影响，或因滨海土地的淹没而被迫迁徙。在 2100 年海平面上升 0.9m 情景下，美国沿海各县共有 420 万人居住的土地将被淹没，而 1.8m 情景，将影响 1310 万人，比用当前的情景的估计约高出三倍。

中国沿海低地总面积为 194000km^2，虽然仅约占我国国土总面积的 2.0%，但沿海低地上分布着我国人口极为稠密、经济最发达的长江三角洲、珠江三角洲和环渤海地区，并拥有上海、天津、广州和深圳等众多的特大型城市和经济中心。同时，中国也是沿海低地人口数量最大的国家，沿海低地人口总数达 1.64 亿，约占沿海一级行政区人口数量的 28.7%，占我国人口总数的 12.3%。中国沿海地区经济的持续快速增长和快速城市化，导致内地人口大规模向海岸带迁移。随着沿海低地人口急增和城市化的加速，在海平面上升的背景下，台风、风暴潮等自然灾害对我国沿海低地人群的潜在威胁及可能造成的经济损失将越加严重。

2. 海岸侵蚀

海岸侵蚀是一个普遍存在的问题，这种现象在巴西、中国、哥伦比亚、北极和西太平洋等许多地区都有蔓延扩大之势。在过去几千年的海平面上升小于 0.3cm/a，大多数低洼海岸系统保持相对稳定的形态。然而，在未来几十年，由于海平面加速上升、波浪能量增加、冲浪和巨浪方向的改变、海洋变暖和酸化，以及人类活动和压力的增加，海岸侵蚀将成为越加严重的问题。

基于最简单的模型来看，平均海平面上升通常会导致海岸线受到侵蚀而后退；更高的波浪和巨浪增加了离岸堤和沙丘被冲刷或破坏的概率，导致水下沙坝远离海岸并向海洋中移动；能量更高或更频繁的风暴也会加剧海岸物质向浅海搬运的速度与数量，此外，由气候变化引起的波浪方向的变化可能会使泥沙等物质被搬运到海岸线的不同位置，进而改变海岸的侵蚀模式。

在全球范围内，海滩和沙丘在过去的一个世纪或更长时间内都经历了净侵蚀。通过比较历史地图和卫星影像，许多研究已经分析了海岸线的变化，并试图量化气候和非气候因素的综合变化。例如，根据沿海岸超过 1000m 等距的 21184 条断面调查，沿着美国大西洋中部和新英格兰海岸的长期侵蚀速率为 0.5±0.09m/a，有 65%条断面显示为净侵蚀。

3. 盐渍化

盐渍化是盐水或微咸水入侵而产生的后果，咸水入侵可从表面淹没，也可通过地下由沙子或冲积层构成的多孔隙土层渗透。在河流三角洲和河口，咸水或微咸水随潮汐可以很容易地进入陆地，盐渍化可能影响内陆的生态系统、供水和生计。咸水和微咸水入侵通过增加地下水、地表水和土壤的盐度水平，对生态系统和社会系统有显著影响，造成淡水资源不足，以及海岸生态系统和生计问题。

海平面上升将影响地下水水质和地下水位高度，加剧海岸洪水事件引起的盐渍化，这将影响淡水资源和植被生态。在许多地方，人为因素的直接影响，如抽取地下水供农业或城市使用，导致海岸含水层的盐渍化比 21 世纪海平面上升的影响更大，同时，地下水枯竭可导致地面沉降，从而增加海岸洪水风险。但是，地表淹没对海水入侵和地下水透镜体盐渍化的影响仍被低估。

地表水资源（河口、河流、水库等）的质量可能受到盐水和微咸水入侵的影响。例如，在美国特拉华河口，长期（从 1950 年到现在）的盐度记录显示盐度显著的上升趋势，以及海平面上升和残留盐度增加之间呈正相关。在孟加拉国西南部的哥拉伊河流域，以及越南的湄公河三角洲，呈现出更高的盐度，并向陆地方向进一步延伸。在湄公河三角洲更为内陆处，发现红树林、软体动物和硅藻等微咸水物种。在河流三角洲或低洼湿地，特别是在枯水事件时，盐度入侵的影响尤其显著。其他影响包括由盐渍化引起的饮用水问题，以及河口水库中的淡水不足（如上海）。

土壤盐渍化是土壤退化的主要威胁之一，海水入侵是其常见原因之一。海水入侵不仅会导致土壤的盐渍化，而且会改变碳的动态变化和微生物群落，随之影响土壤酶的活性，金属毒性，植物发芽，生物量的生产、产量，以及土壤源的温室气体排放等。

5.4.4 海平面上升的应对措施与风险决策

海平面上升的应对措施可分为五种不同类型：保护措施、岸线前移措施、适应措施、后退措施和海平面上升的风险决策。

1. 保护措施

旨在减少或防止致灾事件发生的可能性及其对海岸带的影响。这些措施包括三种子类别。首先，建立硬工程结构，如堤防、海堤、防波堤和挡潮闸等，用于防洪和减缓海岸侵蚀速度，或作为防止盐水入侵的屏障。其次，是以沉积物为基础的措施，如增加海滩和海岸物质来源，沙丘（也称为软结构）和抬升土地。最后，采用生态系统措施，利用生态系统，如珊瑚礁和海岸植被作为适应措施。

2. 岸线前移措施

通过填海造出新土地。这包括大规模填海造陆，通过抽沙填充或其他填充材料，种植植被，以支持土地的自然增长，并在低洼土地周围修建堤坝，称为围海造田。在人口稠密、土地紧缺的地区，如北海南部（德国、荷兰、比利时和英国）和中国等地区，围海造田都有很长的历史。因此，在过去，它主要不是对海平面上升的响应，而是对包括土地稀缺和人口压力在内的一系列驱动因素，以及极端事件的管理。这些围海造田的土地区域需要进一步采取适应措施。未来作为适应措施的围海造田，其作用将变得更为综合，在某些情况下，甚至可能被视为一种机会。

3. 适应措施

该类措施的目的不是防止致灾事件对海岸带的影响，而是降低海岸带承灾体的脆弱性。这涵盖了采用物理的手段（如抬高小岛屿上建筑物的楼层高度），实施多样化的措施（如耐盐作物的种植、旅游目的地的景观恢复），以及促进善治和完善制度等（如地方政府决策的社区参与，建立海岸带公园和保护区，沿海综合管理计划）。物理适应可通过制定法规和规范来实现，新建筑和改造项目采用这些法规和标准，从而降低其脆弱性。咸水入侵的适应措施包括选用耐盐作物品种和改变土地用途，如将稻田改为用于半咸水或咸水的虾养殖。

4. 后退措施

该类措施的目的在于通过将人口、基础设施和人类活动迁出沿海易灾区，或引导未来的发展远离海平面上升和海岸灾害影响。后退措施常常通过被迫或有计划地永久或半永久迁移人口。它通常是从省到地方一级启动、监督和实施，并将小社区和个人资产集中发展成为更大的人口社区。

5. 海平面上升的风险决策

海平面上升尤其对沿海地区长周期（设计、建设和使用周期在百年以上）的重大工程项目有着巨大影响，需要综合考虑极端情景和中间情景，采用适应对策路径和稳健决策等方法，进行长周期关键项目决策、规划和风险管理，以管理海平面上升的潜在影响和风险。

风险决策过程的关键在于明确给定相对海平面上升量，以及可能造成新建或现有基础设施的影响有多大。对于许多决策而言，评估最坏的情景是必要的，而不应只是评估科学上“可能”发生的情景。例如，泰晤士河口 2100 计划中，规划者认为，在规划新的防洪基础设施保护伦敦 21 世纪免受泰晤士河风暴洪水的影响过程中，极端海平面上升情景是技术分析的关键内容。针对至关重要的决策、规划和长期风险管理，作为选择可能的初步方案的策略为：①确定一个科学合理的海平面上升的上限（这可能被认为是最坏情景或极端情景），尽管发生概率低，但在规划的时间跨度内不能排除，使用这个上限情景作为系统总风险和长期适应战略的指南；②确定一个中值估计或中间情景，使用此情景作为短期规划的基线，如制订未来 20 年的初始适应规划，该情景和上限情景一起可为规划提供总体方案。

持续监测目前海平面的趋势和变化，以及提升相关气候系统过程与反馈的科学认识，识别在中间或最坏情景下，系统随时间的演化。通过系统的评估来确定当前海平面上升及其风险演化，进而选择适应性管理策略，可针对上限情景实施更为积极的应对方案。这种决策方法也被称为“适应对策路径”或“动态适应对策路径”方法。

思 考 题

1. 相对于陆地冰冻圈灾害，海洋冰冻圈灾害有哪些特点?

2. 海平面上升与人类活动有何关系?

3. 简述海冰与冰山成灾机理的异同。

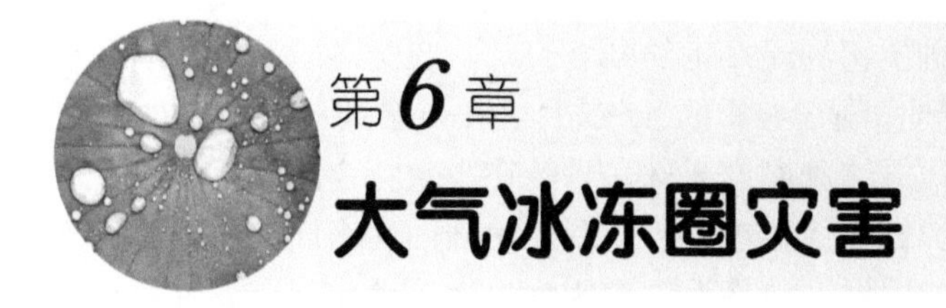

第6章 大气冰冻圈灾害

本章从天气气候角度对冰冻圈灾害进行定义和分类，然后分节阐述因天气气候异常而产生的冰冻圈灾害，即大气冰冻圈灾害，包括暴风雪灾害、雨雪冰冻灾害、雹灾和霜冻灾害等。本章共分4节，每节均从上述灾害的定义入手，介绍灾害的形成和发育过程，分类和时空分布规律，以及灾害的影响和防治措施。

6.1 暴风雪灾害

暴风雪指一种风力强（≥15m/s）、持续时间不少于3小时，且空中有连续降雪或风吹雪，并导致能见度低（≤400m）的恶劣天气过程。以强风和低温为特征的暴风雪是人类居住地区最常见的大气冰冻圈灾害。暴风雪发生时，常常风雪交加、气温陡降、能见度极差，常常导致城市道路局部积雪堆积、通行缓慢或中断、高速公路关闭、机场航班延误或取消。

6.1.1 发生过程

雪花是在大气中形成并向地面降落的冰晶体的聚合体。最初云层中过冷却水滴冻结成冰晶，这些冰晶在下落过程中其形态和体积不断发生变化，形成大小形态各异的雪花。当风速达到56km/h，温度降到–5℃以下，并有大量降雪时，便形成了暴风雪。这与风吹雪灾害有着本质区别。暴风雪形成于大气冰冻圈，在雪花下降过程中造成能见度降低是致灾的关键，而风吹雪则主要由大风裹挟地面积雪导致近地层能见度降低和积雪在空间上的重新分配。暴风雪发生时，也往往由于降雪量过大，牧区地面积雪堆积迅速，给牲畜和人们生产生活带来困难，因而常常与牧区雪灾有关联。

暴风雪天气的发生必须具备两个条件：强风和丰沛的降雪。影响我国的冷空气路径有几支，导致我国大范围降雪天气的冷空气多从西伯利亚中部经新疆、青海、西藏高原东北侧南下（即西路冷空气），再加上东路即经蒙古国南下的冷空气，两股冷空气合并，与黄淮、江淮、江南北部一带，特别是黄淮一带的暖湿气流结合，很容易出现大到暴雪天气。在冬季有强冷空气爆发南下时，由于渤海暖湿水面及山东半岛地形的共同作用，常会形成蓬莱以东沿半岛北岸的降雪带，被称之为冷流降雪。它常会在局部地区形成水平尺度为几十千米的暴雪，这是造成冬季山东半岛气象灾害的主要天气事件。

内蒙古暴风雪天气的产生，通常与北方冷空气快速南下及蒙古气旋的猛烈发展有关。一般在高空具有强西北急流锋区、强冷平流，而低层水汽又较丰沛的条件下，才易产生暴风雪天气。从理论上讲，在内蒙古的降雪期以内的任何时段都可以发生暴风雪天气。然而，这种狂风、暴雪、强降温三种灾害同时发生的剧烈天气，在隆冬时节发生的概率却极小，内蒙古有72%的暴风雪天气出现在春季的4～5月。在过去50年中，有32年内蒙古并未出现暴风雪，这表明暴风雪这种剧烈天气，只能在少数特定的环流条件下才发生。暴风雪天气的大尺度环流形势相对比较单一，即欧亚大陆西高东低，西北气流控制的槽区，气流常向南发展加强形成冷涡，故冷涡位置比较偏南，地面配合蒙古气旋强烈发展，影响内蒙古地区出现暴风雪天气。根据西来系统的不同，内蒙古暴风雪的大尺度环流特征又可分为小槽发展型、西槽东移型和横槽转竖型。

6.1.2 分类和时空分布规律

暴风雪是伴随着强风寒潮出现的暴雪天气，发生的机会并不多，见诸文献的研究也较少。此外，人们常把暴风雪作为暴雪、大风、寒潮天气单独进行研究，缺乏全面的针对性的研究。本小节将主要总结中国和美国暴雪的一般规律。

中国暴雪主要分布在东北、内蒙古大兴安岭以西和阴山以北的地区，祁连山、新疆部分山区、藏北高原至青南高原一带，川南高原的西部等地区。暴雪发生的时段一般集中在10月至次年4月。危害较重的，一般是秋末冬初形成的所谓“坐冬雪”。暴雪发生地区和频率与降水分布有密切关系。在内蒙古，暴雪灾害主要发生在内蒙古中部东北部一带，发生频率在30%以上，其中以阴山地区雪灾最重最频繁；西部因冬季异常干燥，则几乎无暴雪发生。在新疆，暴雪主要集中在北疆准噶尔盆地四周降水多的地区，南疆除西部山区外，其余地区雪灾很少发生。在青海，暴雪也主要集中在南部的海南、果洛、玉树、黄南和海西5个冬季降水较多的州。在西藏，暴雪主要集中在藏北唐古拉山附近的那曲地区和藏南的日喀则地区。

在美国，根据事件的平均年发生率，定义1～2天内降雪15.2cm以上的为一次暴雪事件，其具有很大的空间变率。在美国东半部，大部地区暴雪频次呈纬向分布，在南方腹地平均约每10年发生一次，向北沿加拿大边界增加到2次/10a。这种分布型式在五大湖下风方向和阿巴拉契亚山脉有所改变，代之以较高的平均发生次数。在美国西部，低海拔地区平均每年发生暴雪事件0.1～2次，其余大部分地区多年未发生过暴雪事件，但西部和东北部高海拔地区暴雪的年最小发生频次也在1次以上。年最大发生次数的空间分布型式与平均次数相似。时间上，暴雪最先于9月出现在落基山脉，10月出现在高海拔平原地区，11月遍布美国大部地区，12月最后出现在南部腹地。全美大部地区暴雪结束在4月。在五大湖的下风方向，暴雪发生频次最高的月份为12月，其他地区的峰值则出现在1月。

6.1.3 暴风雪灾害的影响

伴随着大风的暴雪往往带来强烈降温等天气现象，暴风雪时大雪伴随着狂风，在极其恶劣的情况下飞雪布满天空，能见度不到 1m，暴风雪还会产生积雪，很快就会形成雪堆阻断道路甚至掩埋帐篷和房屋。牧区和农区大范围暴雪过程、积雪堆积及严寒，常造成牲畜因受冻和饥饿大量死亡、农作物因冻害受损等，同时也给交通运输等带来严重影响。我国中高纬度地区冬季漫长，一旦出现暴雪，并可能伴有寒潮、大风天气，对工农业生产、畜牧业、交通运输和人民生活均会产生较大影响。2007 年 3 月 4 日凌晨至 7 日，沈阳市遭到 50 多年不遇的特大暴风雪袭击。据统计，此次暴风雪造成辽宁全省 60.1 万人受灾，紧急转移安置灾民 2000 余人，房屋倒塌 1200 余间，损坏 1300 余间，蔬菜大棚损坏倒塌 1800 余座，农作物受灾面积 9116hm^2，经济损失巨大。暴风雪还造成全省公路、铁路、机场、海上航运封闭，交通基本瘫痪，数万名旅客滞留、学校停课、工厂停工、单位放假。此外，市政公共设施损毁严重，造成沈阳市部分地区停水、停电、停气、停暖，严重影响居民正常生活。暴风雪过后，融雪再冻结还在建筑房檐形成大大小小的冰坨和冰凌，严重威胁人们的出行安全。更重要的是，暴风雪造成的交通瘫痪，中断了人民群众赖以生存的基本生活物资供应，物价上涨若得不到及时解决，还会引发很多严重的社会问题。

6.1.4 暴风雪灾害的防治

大风、暴雪、强降温联合肆虐是暴风雪灾害的主要原因。虽然严重的暴风雪天气常会在短时间内给野外放牧的畜群带来灭顶之灾，但实践表明，只要能提前数小时得知暴风雪的到来，并采取一些适当的防御措施，就可以大大减少损失。所以，准确预报暴风雪对防灾减灾具有重大意义。

暴雪预警信号分四级，分别以蓝色、黄色、橙色和红色表示。对 12 小时内降雪量将达 4mm 以上，或者已达 4mm 以上且降雪持续，可能对交通或者农牧业有影响的，发布蓝色预警信号；对 12 小时内降雪量将达 6mm 以上，或者已达 6mm 以上且降雪持续，可能对交通或者农牧业有影响的，发布黄色预警信号；对 6 小时内降雪量将达 10mm 以上，或者已达 10mm 以上且降雪持续，可能或者已经对交通或者农牧业有较大影响的，发布橙色预警信号；对 6 小时内降雪量将达 15mm 以上，或者已达 15mm 以上且降雪持续，可能或者已经对交通或者农牧业有较大影响的，发布红色预警信号。各级预警均对应有防御指南，如蓝色预警建议：①政府及有关部门按照职责做好防雪灾和防冻害准备工作；②交通、铁路、电力、通信等部门应当进行道路、铁路、线路巡查维护，做好道路清扫和积雪融化工作；③行人注意防寒防滑，驾驶人员小心驾驶，车辆应当采取防滑措施；④农牧区和养殖业要储备饲料，做好防雪灾和防冻害准备；⑤加固棚架等易被雪压的临时搭建物。红色预警则建议：①政府及相关部门按照职责做好防雪灾和防冻害的应急和抢险工作；②必要时停课、停业（除特殊行业外）；③必要时飞机暂停起降，火车暂停运行，高速公路暂时封闭；④做好牧区等救灾救济工作。

各有关部门则根据暴风雪预警信息制订部门应急预案，积极应对，确保人民生命和公共财产安全。

6.2 雨雪冰冻灾害

雨雪冰冻灾害是在低温雨雪天气下发生的一种冻灾。雨雪冰冻天气的发生常以低温、高湿、风速小为主要特征，灾害的发生也可以由多次连续天气过程累积造成。强度相当的冷暖空气交汇产生持续的雨雪天气，大气湿度偏大，风速偏低，雨雪难以蒸散。连续的天气过程，使得由雨凇和融雪冰挂组成的复合积冰在各种载体表面形成，大大加重了各种载体的负荷，严重影响甚至破坏交通、通信、输电线路等生命线工程，对人们生活和生命财产安全造成威胁。

6.2.1 形成和发育过程

雨雪冰冻灾害的本质是发生在低温天气下的降雨/雪过程，所以冻雨的形成和发育是雨雪冰冻灾害发生的前提条件，若冻雨现象持续较长时间，则可能造成灾害。

1. 冻雨的形成和发育过程

冻雨是在特定的天气背景下产生的降水现象。当较强的冷空气南下遇到暖湿气流时，冷空气像楔子一样插在暖空气的下方，近地层气温骤降到 0℃以下，湿润的暖空气被抬升，并成云致雨。当雨滴从空中落下来时，雨滴与地面或地物、飞机等物相碰而即刻冻结，气象上把这种天气现象称为“冻雨”。这种雨从天空落下时是低于 0℃的过冷水滴，在碰到树枝、电线、枯草或其他地上物时，就会在这些物体上冻结成外表光滑、晶莹透明的一层冰壳，有时边冻边淌，像一条条冰柱。这种冰层在气象学上又称为“雨凇”或冰凌。冻雨是过冷雨滴或毛毛雨落到温度在冰点以下的地面上，水滴在地面和物体上迅速冻结而成的透明或半透明冰层，这种冰层可形成“千崖冰玉里，万峰水晶中’的壮美景象。如遇毛毛雨时，则出现粒凇，粒凇表面粗糙，粒状结构清晰可辨；如遇较大雨滴或降雨强度较大时，往往形成明冰凇，明冰凇表面光滑，透明密实，常在电线、树枝或舰船上一边流一边冻，形成长长的冰挂。

冻雨的发生不仅与天气尺度的大气环境区域差异有关，还与地形变化和附近水源造成的局部影响有关。江淮流域发生冻雨期间，其上空西北气流和西南气流都很强，地面有冷空气侵入，1500～3000m 上空又有暖气流北上，大气垂直结构呈上下冷、中间暖的状态，自上而下分别为冰晶层、暖层和冷层，即 3000m 以上高空大气温度往往在−10℃以下，2000m 左右高空，大气温度一般为 0℃左右，而 2000m 以下温度又低于 0℃。

2. 雨雪冰冻灾害的形成和发育

2008 年 1 月 10 日～2 月 2 日，我国南方地区接连出现四次严重的低温雨雪天气过程，致使我国南方近 20 个省（区、市）遭受历史罕见的冰冻灾害。灾害的突然出现，使得交通运输、能源供应、电力传输、农业及人民群众生活等方面一时间受到极为严重的影响。此次灾难最终导致一亿多人口受灾，直接经济损失达 540 多亿元。这次灾害过程十分典型，本节就以其为例描述雨雪冰冻灾害的形成和发育过程。

（1）中高纬度欧亚地区大气环流异常发展，偏北风势力增强，冷空气南下活动频繁。2008 年 1 月，欧亚大陆中高纬度大气环流异常表现为西高东低的分布，即乌拉尔山地区环流场异常偏高、中亚至蒙古国西部直到俄罗斯远东地区偏低（图 6.1）。2008 年 1 月，这种环流异常型持续日数达 20 天以上，是多年平均出现日数的 3 倍多。这样的环流配置，使得冷空气从西伯利亚地区连续不断自西北方向沿河西走廊南下入侵我国，为我国自北向南出现大范围低温、雨雪、冻害天气建立了良好的冷空气活动条件。

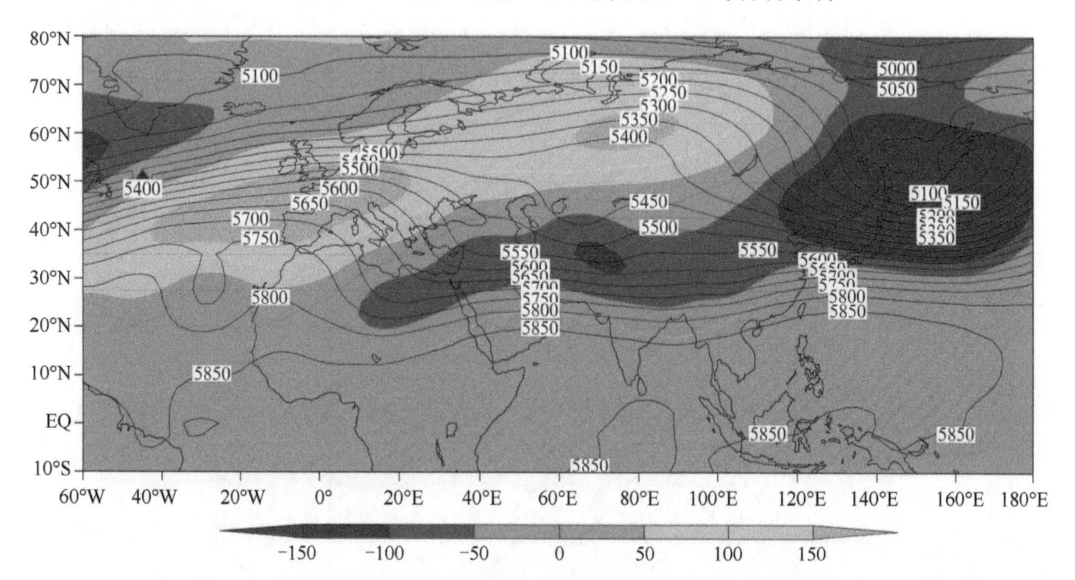

图 6.1　2008 年 1 月 11 日～2 月 3 日平均 500hPa 高度场（曲线）及相对 1971～2000 年冬季平均高度的距平场（阴影），单位：位势米（丁一汇等，2008）

（2）西太平洋副热带高压（以下简称“副高”）位置异常偏北，向我国输送了大量暖湿空气，为雨雪天气的出现提供了丰沛的水汽来源。2008 年 1 月，副高脊线位置平均达到 17°N，为 1951 年来之最，远远高于多年平均的 13°N。副高西侧的偏南风是南方暖湿空气的主要引导气流之一，配合中高纬度冷空气活动频繁，冷暖空气交汇作用加剧。1 月前期，副高偏强偏北，这段时间冷暖空气主要交汇于我国长江中下游及其以北地区，该地区多低温雨雪灾害；1 月中旬后期开始，副高主体较前期南移，强度也有所减弱，冷暖空气交汇区也随之南移，低温雨雪冰冻等灾害性天气主要集中在长江中游沿江及以南地区。

（3）青藏高原南缘的印缅低槽系统稳定活跃，进一步增强了暖湿气流向我国的输送。印缅槽，又称南支槽，是指活动于青藏高原西侧和南侧的副热带西风带的一种波动，其槽底往往南伸到 22°N 以南，并常有闭合低压中心或冷温槽相配合。南支槽的稳定活跃有利于来自印度洋和孟加拉湾的暖湿气流沿云贵高原不断向我国输送。进入 2008 年，青藏高原南沿的南支槽异常活跃，强度加剧，为我国长江中下游及其以南地区的强降雪天气提供了更加充足的水汽来源。

（4）南方地区大气低层逆温层的不断加强并长时间维持，造成了严重的冻雨灾害。2008 年 1 月，冷、暖空气长时间维持在长江以南地区。在冷暖空气交汇区，暖湿空气在上，但地表气温由于不断增加的雨雪而偏低，便在对流层中低层形成了稳定的逆温层，即大气垂直结构呈上下冷、中间暖的状态。对流层这样的温度场配置使得雨滴下落到地面迅速凝结成冻雨，再次促使地表气温下降，形成一个正反馈过程，这是导致湖南、贵州等地冻雨不断的主要原因。监测表明，2008 年 1 月中旬以来，湖南、贵州等地出现了明显的逆温层（图 6.2），逐渐加强并维持了近 20 天，地面温度长时间低于 0℃，形成了有利于冰冻产生的深厚的冷下垫面。逆温层的长时间维持是上述地区大范围冻雨持续出现的主要原因。

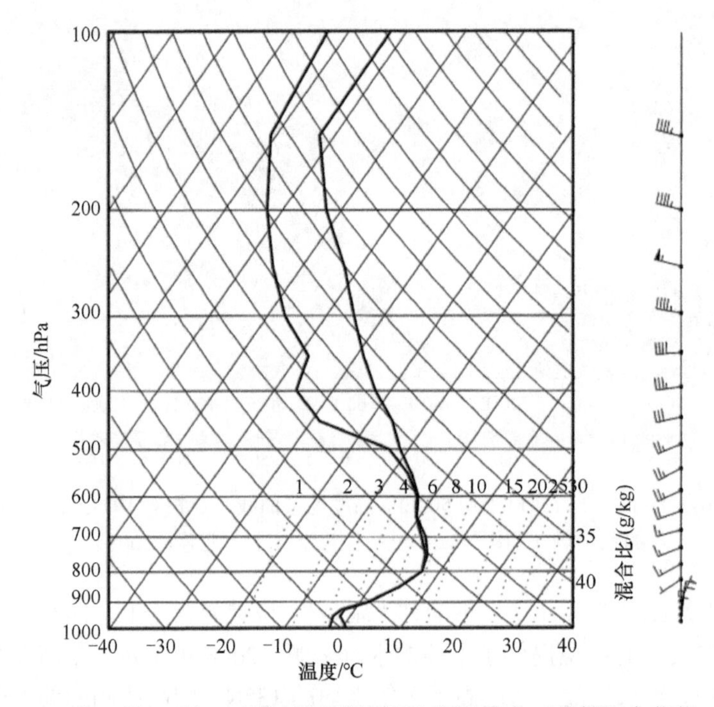

图 6.2　2008 年 1 月 26 日 8 时湖南郴州温度随气压的变化（徐辉和金荣花，2010）

（5）太平洋上迅速发展的拉尼娜现象是导致环流异常和低温雨雪冰冻的重要原因。2007 年 8 月以后，赤道东太平洋海表温度较常年同期持续偏低并迅速发展，进入了拉尼娜状态，是 1951 年以来拉尼娜发展最快的一次，也是事件的前 6 个月平均强度最强的一次。与此同时，2007 年 8 月以后，南方涛动（SOI）指数也稳定地维持为正值（图 6.3），2007/2008 年冬季热带海洋和大气的异常状况相匹配，均表现出典型的拉尼娜特征。研究表明，拉尼娜事件发生当年的冬季，有利于中纬度大气环流的经向度加强，冷空气活动频繁，易造成我国气温偏低、雨雪偏多。入冬以来，我国的天气气候与历史上强拉尼娜事件发生后的冬季气候特征非常相似，表明 2008 年冬季的雨雪冰冻灾害具有明显的海洋下垫面异常的气候背景。

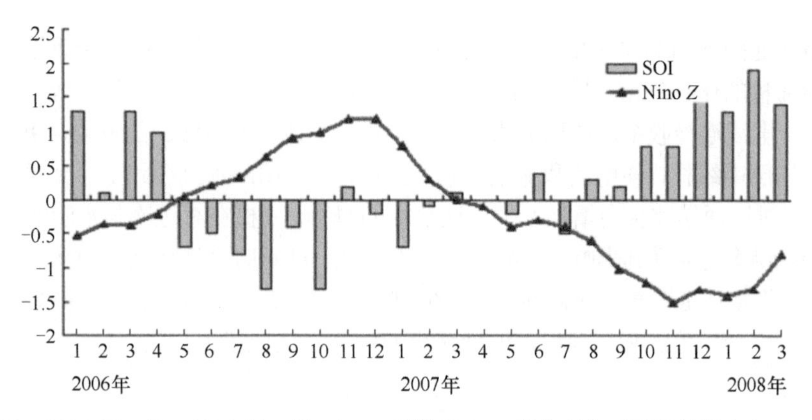

图 6.3 2006 年 1 月～2008 年 3 月 Nino Z 指数和 SOI 指数变化（国家气候中心，2008）

6.2.2 分类和时空分布规律

冻雨是初冬或冬末春初时节见到的一种天气现象，大多出现在 1 月上旬至 2 月上、中旬的一个多月内，起始日期具有北早南迟，山区早、平原迟的特点，结束日则相反。地势较高的山区，冻雨开始早，结束晚，冻雨期略长，如皖南黄山光明顶，冻雨一般在 11 月上旬初开始，次年 4 月上旬结束，长达 5 个月之久。冻雨厚度一般可达 10～20mm，最厚的有 30～40mm。冻雨发生时，风力往往较大。贵州是全国出现冻雨最多的省份，一般从每年 12 月至次年 2 月是最容易出现冻雨的时候。贵州的威宁被誉为“冻雨之乡”，常年冻雨日数可达 44.6 天，其中 1 月最多，平均 16.8 天，常年 12 月平均有 10.1 天。

冻雨以山地和湖区多见；中国南方多、北方少；潮湿地区多而干旱地区少；山区比平原多，高山最多。江淮流域的冻雨天气，淮北 2～3 年一遇，淮南则 7～8 年一遇。但在山区，山谷和山顶差异较大，山区的部分谷地几乎没有冻雨，而山势较高处几乎年年都有冻雨发生。我国出现冻雨较多的地区是贵州，其次是湖南、江西、湖北等地，北方冻雨发生的源地主要有三个，分别为河南地区、陕甘地区和河北地区。北方冻雨发生以后就地消失占多数。

全美冻雨日最大区出现在纽约和宾夕法尼亚的部分地区，其他的大值区包括横跨中西部的一个东西向区域、沿东阿巴拉契亚山脉的一个区域，以及西北太平洋沿岸地区。全美冻雨首日可出现在 9～12 月，其中东部和西部最可能出现冻雨首日的月份分别是 11 月和 10 月。冻雨末日出现月份具有明显纬向特征：墨西哥湾沿岸冻雨末日基本出现在 2 月，而美国北部则为 4 月。就全美来说，冻雨日数最多的月份为 12 月和 1 月，其中美国东半部 1 月平均最多，西半部则 12 月最多。在美国大部分地区，12 月和 1 月的冻雨日数超过每年当地冻雨日数的一半。

6.2.3 雨雪冰冻灾害的影响

冻雨天气是冬半年降水中的一种特殊情况，严重的冻雨天气对国民经济和国防建设危害很大。公路交通因地面结冰而受阻，交通事故也因此增多。大田结冰，会冻断返青的冬麦，或冻死早春播种的作物幼苗。另外，冻雨还能大面积地破坏幼林、冻伤果树等。当冻雨冻结在电线上时，电线遇冷收缩，再加上冰本身的重量，电线会产生绷断的危险。更严重时，断裂的电线会拉倒电线杆，使电信和输电中断（图 6.4）。冻雨降落到公路上，交通会因地面结冰而受阻，同时地面结冰也会增加发生交通事故的概率。飞机在有过冷却水滴的云层中飞行时，机翼、螺旋桨也会受到影响，影响空气动力性能，严重时会造成飞行事故。大面积的结冰，还会对农作物造成冻害，导致绝收。早在 1969 年 1～2 月初出现的一次冻雨天气过程使近半个中国范围通信停顿和黄河以南的铁路交通中断，造成很大损失。

(a)

(b)

图 6.4　2008 年 1 月湖南郴州电网线路结冰严重及某电力塔被覆冰压塌（源自：中国天气网）

持续时间较长的冰冻雨雪灾害还会对设施农业、经济林果、养殖业等农副产业造成不利影响。由于灾害天气过程多、时间长、冻雨堆积过多，气温持续偏低，日照不足，会降低大棚内温度和透光性，影响大棚蔬菜和花卉的正常生长，导致蔬菜白粉病、灰霉病等的发生与蔓延，甚至可以导致蔬菜大棚、食用菌棚等因不堪重负而倒塌。此外，果树因持续冰冻可导致枝叶受到机械损伤，造成落叶、枝干折断、嫩梢萎蔫，成株和幼苗均有可能被冻死。此外，冻雨对林业、家禽、家畜和水产品等的安全越冬也会产生重大影响。

2008 年 1 月 10 日在中国南方爆发的雨雪冰冻灾害，受灾严重的地区有湖南、贵州、湖北、江西、广西北部、广东北部、浙江西部、安徽南部和河南南部。截至 2008 年 2 月 12 日，低温雨雪冰冻灾害已造成 21 个省（区、市、兵团）不同程度受灾，因灾死亡 107 人，失踪 8 人，紧急转移安置 151.2 万人，累计救助铁路公路滞留人员 192.7 万人；农作物受灾面积 1.77 亿亩，绝收 2530 亩；森林受损面积近 2.6 亿亩；倒塌房屋 35.4 万间；造成 1111 亿元人民币直接经济损失。

6.2.4　雨雪冰冻灾害的防治

冻雨的破坏力是惊人的，它能毁坏电路、阻断交通、压断树木、损毁建筑、冻伤植物和牲畜。

1. 对电力系统的防治

在冻雨严重的时候，1m 长的电线上的积冰可超过 1kg，两根相距 40m 电杆上的一根电线，就会增加几十千克的额外负重，高压输电线路因冻雨积冰会更多，加上大风引起的震荡，电线、电杆、铁塔不堪重负，折弯断裂，就会造成电力、通信的大面积中断。所以，当冻雨发生时，要及时把电线、电杆、铁塔上的积冰敲刮干净。

2. 对交通运输系统的防治

冻雨会在马路上形成一层不易发觉的薄冰。出现道路结冰时，由于车轮与路面摩擦作用大大减弱，导致车辆打滑或刹车失灵，引起交通事故，阻塞交通运行。通常在道路结冰时，气象部门都会向社会发布道路结冰预警信号。按照由弱到强的顺序，道路结冰预警信号分为三级，分别用黄色、橙色和红色表示。当路表温度低于 0℃，出现降水，12 小时内可能出现对交通有影响的道路结冰，气象部门将发布道路结冰黄色预警信号；6 小时内可能出现对交通有较大影响的道路结冰，将发布道路结冰橙色预警信号；2 小时内可能出现或者已经出现对交通有很大影响的道路结冰，将发布道路结冰红色预警信号。交通、公安部门会根据道路结冰的程度和路面状况，科学合理地采取限速、限量和封闭措施，指挥和疏导行驶车辆；按照行业规定适时采取交通安全管制措施，如机场暂停飞机起降，高速公路暂时封闭等。同时，及时撒盐抗冰，并组织人力清扫路面。如果发生事故，应当在事发现场设置明显标志。

道路结冰时，人们应尽量减少外出，根据需要取消和调整出行计划。如果必须外出，少骑自行车，同时要采取防寒保暖和防滑措施。步行时尽量不要穿硬底或光滑的鞋。行人要注意远离或避让机动车和非机动车辆。老少体弱人员尽量减少外出，以免摔伤。非机动车应给轮胎少量放气，以增加轮胎与路面的摩擦力。

3. 林业系统的防治

林业生产点多面广，多为户外作业，林区和国有林场及自然保护区等大多处于高海拔地区，容易受到低温雨雪冰冻灾害侵袭。需要各级林业主管部门定期开展险情和隐患排查，深入国有林场苗圃、自然保护区、森林公园、湿地公园和基层林业站所等林业一线，扎实开展灾害风险隐患排查。对林区冰封道路、危险路段要采取封道、警示等措施，严格控制车辆和人员进出。对林区护林站房、职工住房等生产生活设施，开展拉网式排查，做好相应防范工作。对森林公园要加强景点设施设备的安全管理，尤其要防范冰雪观光旅游事故的发生。自然保护区要加强野生动植物资源保护管理，对冻死野生动物要及时进行安全处理，防止发生野生动物疫源疫病等次生灾害。加强与公安、交通运输等部门协作，消除林区冰雪道路通行隐患，维护安全畅通。密切与气象、国土资源等部门的沟通联系，随时掌握灾害天气变化情况并通过手机、微信等平台发布灾害预警和防灾避灾信息，确保林业干部职工第一时间知晓。

4. 畜牧业的防治

（1）检修畜禽栏舍及设施。危险畜禽舍注意加固，简易栏舍如养禽棚舍、保温棚等设施要抓紧做好加固抗压，供水管要用保温材料包扎好，防止水管破裂。冻雨发生时及之后要及时除冰，防止畜禽舍倒塌。

（2）加强保暖防冻。一是加厚垫草，及时更换和添加干燥新鲜的垫草，保持栏内干燥。二是封闭门窗，将栏舍四周进行封窗堵洞，防止寒风进入，同时在有条件的地方舍内可增加塑料大棚，但应注意通风。三是适当增加畜禽饲养密度。四是对仔畜禽提供热源保暖。五是对于牛羊等放牧饲养改为舍饲圈养，避免牛羊在舍外受寒挨冻。

（3）适当增加饲料能量。

（4）定期消毒、保健和防疫。

（5）灾后及时恢复生产。一是修补完善畜禽建筑基础设施，确保圈舍完整，及时消除隐患，完善配套设施。二是加强畜禽饲养管理，确保种畜禽体质恢复。三是抓住春季气温回暖时机切实抓好畜禽的配种、选育和扩繁工作。

6.3 雹　灾

冰雹指直径大于5mm、球形或不规则块状的冰所形成的固态降水。冰雹总是由对流云产生，几乎全部是积雨云的产物。又称为雹子、冷子和冷蛋子等，是对流性雹云降落的一种固态水。雹灾指冰雹降落造成的灾害，是夏季常见的一种灾害性天气，对农业生产威胁极大，也是我国的重要灾害性天气之一。雹灾主要使农作物茎叶和果实遭受损伤，造成农作物减产或绝收。此外，雹灾有时还造成少量人畜伤亡，并破坏交通、通信、输电等工程设施，从而造成更严重的损失。

6.3.1 形成和发育过程

1. 冰雹的形成和发育过程

冰雹形成于对流特别强烈的对流云（积雨云）中，这种云又称为雹云。雹云云层很厚，云底距离地面1km左右、温度在0℃以上，大多由水滴组成；云的中上部主要由冰晶、雪花或过冷水滴组成；云顶可延伸到10km以上的高空，温度在20～40℃。由于雹云中气流升降变化很剧烈，当冰雹“胚胎”下降过程中遇有较强上升气流就会随之上升，同时会吸附其周围小冰粒或水滴而长大，直到其重量无法为上升气流所承载时即开始下降，当其降落至较高温度区时，其表面会融解成水，同时亦会吸附周围小水滴，此时若又遇强大的上升气流会再被抬升，其表面则又凝结成冰，如此反复，其体积越来越大，直到它的重量大于空气的浮力，即往下降落，若达地面时未融解成水仍呈固态冰粒则称为冰雹，若融解成水则是我们平常所见的雨。

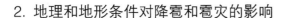

2. 地理和地形条件对降雹和雹灾的影响

从地理上看，多雹区常出现在地貌切割最厉害的地方，少雹区则在地形比较平坦的地方，甚至在不太大的海岛，也是沿海平坦的地方少雹，岛内山地相对多雹。从地形条件上看，世界上的一些主要多雹区集中在几个高原地区，中、低纬度主要的高原地区都多雹。然而，多雹并不等于雹灾重。一般来说，高山区降雹日数多，但雹灾较少；而海拔 1000～2000m 的山地和丘陵虽然降雹日数少，但雹灾可能很重。这是因为海拔 3000～4000m 以上的高原地区由于地面海拔高，积雨云发展有限，80%以上都是着地即融的霰、冰丸、小雹块，降雹时伴随的雨量也较小，所以雹灾较少。此外，高原（尤其是高大山脉）的西风带下风方，常是多雹灾区，容易发生强雹暴，大雹块多，降雹持续时间长。

从纬度上看，北半球有两个多雹的纬度带：一个是副热带（25°N～40°N）；另一个是中纬度（40°N～55°N）。副热带雹区内，降雹带随季节、天气过程变化大，每年降雹地点不同，而中纬度地区由初夏到秋季都可能降雹，年雹日比副热带地区多，多雹灾地区也较前者多，而高纬度和热带地区降雹频次明显减少，且高纬雹粒小，基本不成灾，但热带地区一旦降雹，对茶叶、烟草、咖啡等经济作物常带来很大损失。

从各地调查反映的情况来看，冰雹发生的源地依天气形势、季节和地形而变化。一般说来，山脉的阳坡、迎风坡及地表复杂的地区容易出现冰雹。冰雹的移动路径主要取决于所处的天气系统的位置和气流方向及当地的地形。中国大部地区处于西风带，天气系统多由西向东或由西北向东南移动。所以冰雹也多由西向东或由西北向东南移动。由于受当地地形的影响，冰雹走向又常与山脉、河流走向一致。降雹和中、小尺度天气系统紧密相联系，又受地形和下垫面状况的影响极大。即使在相同的天气形势和气象条件之下，冰雹的出现地区和强度也会有很大不同。

6.3.2　分类和时空分布规律

1. 雹灾分类

根据冰雹的发生条件、发展过程、降雹的强度，通常分气团降雹、飑线降雹、冷锋降雹。气团降雹是一种弱降雹天气，雹块小、降雹范围也不大，危害较轻。飑线降雹多数是指冷气流和暖湿气流共同影响下产生的一种强烈的降雹天气，一般雹块较大，移动快，波及的范围也较大，通常使十几个县甚至几十个县严重受灾。冷锋降雹和飑线降雹类似，也是强烈的降雹天气，它的生成直接与锋面活动有关，严重时常造成几十个县受灾。

根据全国台站年内降雹日数的变化，可以把中国各地降雹的季节变化类型分为以下 4 种：①春雹区，以 2～4 月或 3～5 月雹日最多，这 3 个月雹日一般占本地区全年雹日数的 70%以上；②春夏雹区，以 4～7 月雹日最多，4 个月的雹日一般占本地区全年雹日的 75%以上；③夏雹区，以 5～9 月或 6～9 月雹日最多，5 个月（或 4 个月）的雹日一般占本地区全年雹日的 85%（或 90%）以上，是中国降雹日数最多，雹季最长的地区；④双峰型雹区，以 5～6 月及 9～10 月雹日最多，4 个月的雹日一般占本地区年雹日的 70%以上。

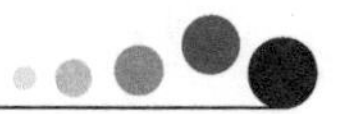

雹灾轻重主要取决于降雹强度、范围及降雹季节与农作物生长发育的关系。因此，从致灾严重程度上，一般可分为轻雹灾、中雹灾、重雹灾三级。轻雹灾区域的冰雹如豆粒、玉米粒大小，直径约 5mm；中雹灾区域的冰雹如杏、栗子大小，直径 20～30mm；重雹灾区的冰雹如核桃、鸡蛋大小，直径 30～60mm。

2. 时空分布规律

雹灾季节变化规律明显。春夏为全国降雹的主要时段，10 月、12 月、1 月基本没有雹灾出现，但 20 世纪 90 年代的 2 月、3 月、9 月雹灾出现的频率相对 70 年代以前为少，而集中到了 5～7 月这 3 个月，且占到全年的 67.6%，其中 6 月出现的频率为 25%，是全年的峰值期。

全球冰雹分布有两个突出特点：一是中纬度西海岸的多雹区，如北美从加拿大的不列颠哥伦比亚到美国加利福尼亚沿海，西欧、北欧沿海，地中海沿海，日本本州西北海岸，新西兰地区等。这些地区多属“冬雹”类型；二是多雹地区主要在高原和大山脉地区，并依山脉走向呈带状分布。总体来说，高原和山地降雹较多而平原较少；迎风坡较多，背风坡较少；山脉南坡多，北坡少；高山多，河谷少；地势起伏大相对高度差大的地区多，地势起伏小、相对高度差小的地区少；地表复杂的地区多，地表单一的地区少；植被少的地区多，植被多的地区少。

中国是世界上雹灾比较严重的国家，大体上从东北到西藏这一条“东北—西南”向地带中冰雹多，以黄河流域、淮河流域、四川盆地、江南丘陵的一些地区最为严重，其两侧的广大东南地区和西北内陆干旱地区（山区除外）冰雹少。青藏高原是中国雹日最多、范围最大的地区，其中，最多中心在拉萨以北的西藏东部地区，川西高原和青海东南部地区是冰雹次多中心，其次是祁连区东段和天山西段山区。此外，阴山及燕山地区、大小兴安岭和长白山区、云贵高原川黔湘鄂边缘山区和黄土高原，都是我国冰雹较多的地区。广大东南地区和西北内陆干旱地区是我国冰雹最少的地区。西北内陆诸干旱盆地、华北平原、长江中下游地区及四川盆地，华南沿海及海南岛等地，甚至从不出现，但这些地区的高山气象站，如五台山、华山、黄山、庐山、峨眉山等山顶气象站的雹日都较其附近的气象台站雹日多。

美国冰雹的出现具有很强的局地性，且峰值时段并不统一。整个 20 世纪，美国中西部冰雹发生频次于 1916～1935 年最高，之后直至 1976～1995 年持续下降；美国中部高平原、北部落基山脉、东海岸地区的冰雹则在 20 世纪中叶达到峰值；美国北部和中南部高平原于 1956～1975 年达到峰值；西北太平洋沿岸到落基山脉中部和南部平原的峰值则出现在 1976～1995 年；墨西哥湾岸区东部则是 20 世纪初最多，之后持续减少。以上地区冰雹出现的频次，只有高平原、落基山脉中部，以及美国东南部地区在 20 世纪为增多趋势，其他均为减少。冰雹增多的区域也是雹灾损失最大的区域。

6.3.3 雹灾的影响

冰雹出现的范围小，时间短，但来势凶猛，强度大，常伴有狂风骤雨，因此往往给局部地区的农牧业、工矿业、电信、交通运输以至人民的生命财产造成较大损失。据统计，每年因冰雹所造成的经济损失达几亿元甚至十几亿元。

1. 冰雹对农业生产的危害

中国雹日分布虽有西部多、东部少、山区多、平原和盆地少的特点，但由于东部及平原地区是我国主要的农业地区，且冰雹多出现在农作物生长的关键时期，雹块一般也比西部大，所以冰雹对农作物所造成的危害较西部地区要严重。

冰雹对农业生产的危害，主要是对农作物枝叶、茎秆、果实产生机械损伤，从而引起各种生理障碍和诱发病虫害，降雹造成土壤板结，导致作物受冻害，使作物减产或绝收。冰雹对农业生产危害的轻重，既取决于降雹强度、持续时间、雹粒大小，也取决于作物种类、品种和受灾时的生育期。一般降雹强度大、持续时间长、雹粒大，对农业生产的危害也重。高秆、大叶、地上结实的作物受害中，处在生殖生长期，特别是抽穗开花至灌浆成熟的作物，受冰雹砸损后，穗和花被毁或籽粒脱落不再恢复生长，因此受害较重，甚至全部被毁，造成颗粒无收。

作物品种和作物面积的变化直接影响灾情大小，经济作物产出的变化也直接影响受灾体的易损程度。与其他作物相比，玉米所受雹灾损失呈现上升趋势，这与我国玉米种植的广泛性，以及地膜玉米种植发展有关。通过地膜来提早作物的生长期，无疑加大了冰雹成灾的时间段。此外，棉花受灾次数也显著增加，尤其在一些棉花主要种植区。随着城市化水平的提高，城市边缘带的蔬菜、瓜果、林果，尤其是花卉种植业的发展，加上大棚技术的广泛使用，使蔬菜、水果和花卉受雹灾的概率加大，受灾损失程度也在增加。

2. 冰雹对人、畜、禽安全的威胁

雹块大、持续时间长的冰雹天气过程，有时会砸坏房瓦、玻璃和汽车等设备设施，进而对人、畜、家禽造成伤害。强烈的降雹天气会给交通运输带来影响，大的冰雹会砸坏汽车挡风玻璃，引发交通事故；有时大的降雹淤积还会影响高速公路的正常运营。此外，冰雹还会对飞机的飞行造成很大影响。冰雹云中有大量的正负电荷，形成巨大的正负电场，会产生强烈的放电现象，飞机穿越冰雹云时就有遭到雷电轰击和被冰雹砸击的可能。由于飞机飞行速度快，直径较小的冰雹也会对飞机产生较大的损害，大的冰雹甚至可以直接砸坏飞机的关键部件，造成严重事故。

6.3.4　冰雹灾害的防治

防御雹灾的主要措施除了调整农作物品种和播种时期，使主要发育期尽可能避开多雹期外，还要加强雹灾预防，采取人工消雹措施，减轻雹灾破坏损失。

1. 人工防雹

人工防雹主要是采用人为方法对某些地区可能产生冰雹的云层施加影响，使云中的

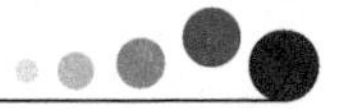

冰雹胚胎不能发展成较大的冰雹，或者使小冰粒在形成大冰粒之前就降落到地面。我国绝大部分冰雹多发区都已陆续建立了省地县三级人工防雹作业业务系统，加强人工防雹工作、保护农业生产、适应农村产业结构调整，合理调整防雹作业布局，及时开展保障城乡人民生命财产安全的防雹作业。

2. 调整种植业结构

统计表明，冰雹对种植业的危害最为严重。我国冰雹灾害的主要受灾体有六大类、20 种亚类，其中以粮食作物受灾次数最多。玉米、棉花、果蔬和花卉及通信这四种亚类的受灾次数和因灾损失均呈上升趋势。因此，科学调整种植业结构，进行人工防雹总体设计、科学合理地布设防雹作业网点，是实现科学防雹、减少冰雹灾害损失，提高我国人工防雹水平和经济社会效益的重要环节。例如，在条件允许的情况下，尽量把需求大的作物生产区域适当避开冰雹发生频率较高的区域，而在冰雹多发区种植抗雹和恢复能力强的农作物。此外，在多雹地带，种植牧草和树木，增加森林面积，改善地貌环境，有可能影响雹云生成条件，达到减少雹灾的目的。

3. 推广网棚防雹技术

人工防雹技术固然成熟，但对一些抗雹能力弱、种植面积大的作物，如葡萄，百密一疏的冰雹就会造成较大损失。20 世纪 90 年代起，开始在葡萄园上试验网状防雹技术，该技术利用支撑在葡萄架上方一定高度的网棚，将可能降落的任何大小的冰雹接托在防护网上。经过缓冲的冰雹降落地面融化后，也可形成水源对葡萄进行再次灌溉。这种防灾技术投入产出比高，值得有针对性地推广。

6.4 霜冻灾害

霜冻是一种较为常见的农业气象灾害，是指空气温度突然下降，地表温度骤降到 0℃以下，使农作物受到损害，甚至死亡的现象，通常出现在秋、冬、春三季。它与霜不同，霜是近地面空气中的水汽达到饱和，并且地面温度低于 0℃，在物体上直接凝华而成的白色冰晶，有霜冻时并不一定有白霜。由于霜冻灾害发生在 0℃以下，也被看作是大气冰冻圈灾害的一部分。霜冻灾害与冻害也不是一个概念，冻害专指越冬作物在冬季发生的、因严寒导致的冻害。

6.4.1 形成和发育过程

霜冻灾害主要针对农作物而言，是否出现霜冻主要取决于气温下降的程度和作物当时的抗低温能力。农业气象学中，霜冻灾害即指土壤表面或者植物株冠附近的气温降至 0℃以下而造成作物受害的现象。出现霜冻时，往往伴有白霜，也可不伴有白霜，不伴有白霜的霜冻被称为“黑霜”或“杀霜”。是否出现霜主要取决于气温下降的程度和大气中的水汽含量。在暴露于空气中的物体上，如树枝、植物的茎和叶的边缘、电（金属）

线、柱体等，由空气中水汽的直接凝华作用所形成的连续的冰晶称为白霜；低温导致植物的干冻或者没有白霜形成，但植物内部被冻结的状态称为黑霜。黑霜是一种杀霜，其名称起源于受霜冻影响，植物表面变黑的现象。无论何种霜冻出现，都会给作物带来或多或少的伤害。

6.4.2 分类和时空分布规律

由于作物抗冻能力、生长时期和霜冻发生的环境条件的差异，不同植物、不同时期发生的霜冻的环境温度是不同的，甚至可以相差几度。根据霜冻发生的季节不同，可分为春霜冻和秋霜冻两种：春霜冻又称晚霜冻，也就是春播作物苗期、果树花期、越冬作物返青后发生的霜冻。随看温度的升高，晚霜冻发生的频率逐渐降低，强度也减弱，但是发生得越晚，可能对作物的危害也就越大。秋霜冻又称早霜冻，秋收作物尚未成熟，露地蔬菜还未收获时发生的霜冻。随着季节推移，秋霜冻发生的频率逐渐提高，强度也加大。

此外，霜冻一般还可以分为三种类型：平流霜冻、辐射霜冻和混合霜冻。平流霜冻：由北方强冷空气入侵酿成的霜冻，常见于长江以北的早春和晚秋，以及华南和西南的冬季，北方群众称之为“风霜”，气象学上叫作“平流霜冻”。辐射霜冻：在晴朗无风的夜晚，地面因强烈辐射散热而出现低温，群众称之为“晴霜”或“静霜”，气象学上叫作辐射霜冻。混合霜冻：先因北方强冷空气入侵，气温急降，风停后夜间晴朗，辐射散热强烈，气温再度下降，造成霜冻，这种霜冻称为混合霜冻或平流-辐射霜冻，也是最为常见的一种霜冻。一旦发生这种霜冻，往往降温剧烈，空气干冷，很容易使农作物和园林植物枯萎死亡。所以这类霜冻应特别引起注意，以免造成严重的经济损失。

我国地域辽阔、气候类型复杂，霜冻的影响范围十分广泛，在我国各地都有可能发生。北方地区气温偏低，热量条件不足，西北部山区和河北北部山区，经常遭受早霜的威海。我国西部地区的陕北、甘肃、宁夏、新疆与青海等地霜冻危害也比较严重，黄淮平原、关中平原和晋南地区，经常发生春季霜冻害，长江中下游地区也常发生霜冻，主要危害经济作物；南岭以南地区，冬季仍有许多喜温作物和常绿果树生长，因此经常发生冬季的霜冻灾害。

6.4.3 霜冻的影响

霜冻对园林植物的危害，主要是使植物组织细胞中的水分结冰，导致生理干旱，而使其受到损伤或死亡，给园林生产造成巨大损失。其危害机理如下。

（1）温度下降到 0℃以下时，细胞间隙中的水分形成冰晶，细胞内原生质与液泡逐渐脱水和凝固，使细胞致死。

（2）解冻时细胞间隙中的冰融化成水很快蒸发，原生质因失水使植物干死。

农作物，如玉米、大豆、棉花等秋收作物，在成熟前对霜冻非常敏感。以玉米为例，如果在灌浆期遭受早霜冻，不仅影响品质，还会造成减产。当气温降至 0℃时，玉米发生轻度霜冻，叶片最先受害。玉米灌浆的养料主要是叶片通过光合作用产生的，受冻后的叶片变得枯黄，影响植株的光合作用，产生的营养物质减少。由于养料减少，玉米灌浆缓慢，粒重降低。如果气温降至零下 3℃，就会发生严重霜冻，除了大量叶片受害外，穗颈也会受冻死亡。这样不仅严重影响玉米植株的光合作用，而且还切断了茎秆向籽粒传输养料的通道，灌浆被迫停止，常常造成大幅减产。初霜冻出现时，如果作物已经成熟收获，即使再严重也不会造成损失。

白霜可以对农业生产产生影响。农作物表面出现白霜时，表面温度可降至 0℃以下，使作物发生冻害。出现在输电线上的白霜可对电力输送造成影响，如输电线的电晕损失对白霜厚度很敏感，很薄的白霜可导致较大的电晕损失。道路表面形成的白霜可使路面变滑而影响交通。

6.4.4 霜冻灾害的防治

全球变暖并不意味着霜冻害发生的概率下降和危害的减弱。首先，气候变暖导致种植制度改变，如某些作物种植边界北移、晚熟品种面积扩大和复种指数增加，作物对热量条件的需求仍然处于近平衡的状况，从而增加了霜冻灾害潜在的威胁。其次，由于气候变暖导致气候异常和气候变率加大，如初、终霜日年际变化加大、极端寒冷和炎热等异常天气的不断出现，通常会诱发或加重霜冻的危害。最后，气候变化和种植结构变化导致作物生长发育的节律发生复杂的变化，这种变化导致霜冻发生的时间和作物受影响程度都发生了改变，使得霜冻害的发生和影响更加复杂和多样化。

霜冻灾害的防治一方面要靠天气预报，另一方面要靠合理的区域种植结构。

霜冻一般发生在寒潮和其他导致强烈降温的天气和大气环流形势下。对霜冻害的预报以寒潮等降温天气预报为前提，将降温天气过程预报和霜冻指标、农作物生长时期、生长状况及其地理环境相结合，综合分析后作出某地某作物是否会发生霜冻害、霜冻等级、发生时间，以及是否防御、如何防御的预报和决策。霜冻低温天气过程预报属于短期和中期预报，预报技术和方法都比较成熟，结果一般比较准确。此外，国家级和一些省级气候中心还制作了霜冻的短期气候预测，即提前半个月以上作出初霜冻等趋势预报。目前主要采用气候统计预报的方法，根据相关前兆因子和多年霜冻气候规律进行分析，也可作为防治政策上的参考。

不同尺度的地形对霜冻发生有很大影响。高山峻岭等大尺度地形能影响冷空气路径，造成不同地区霜冻的差异；中尺度地形对冷空气也有阻挡作用，能减弱冷平流；而小的山谷则有排泄冷平流的作用，避免形成“霜穴”。一般情况下，冷空气容易沉积到低洼地带，因而更容易遭受冻害。霜冻发生时，近地空气层往往存在逆温层，因此在山坡的某一高度范围内存在一条“暖带”，这里霜冻较轻。暖带的强度和宽度是由大尺度和中尺度地形决定的。此外，由于水的热容量较大，白天吸收的热量多，夜间可以向周围释放一些热量，因此在水体附近，温度变幅一般较小。由于水域的这种气候调节作用，较大水体周围一般不容易发生植物霜冻害，即使发生了，灾害也相对较轻。所以，根据当地地形地势条件和水热条件综合确定区域种植结构，并在气候变暖背景下，依据气候新常态特点和霜冻害实际发生的情况，及时调整农业种植结构，并依据初霜冻的短期气候预测和短期农业气象预报结果早做防灾准备，都可以达到降低霜冻灾害损失的目的。

思考题

1. 说说你对大气冰冻圈灾害的理解，它们的形成和发育有什么共同特点?

2. 防治大气冰冻圈灾害的关键是什么?

3. 气候新常态下，暴风雪灾害将呈现怎样的特点?

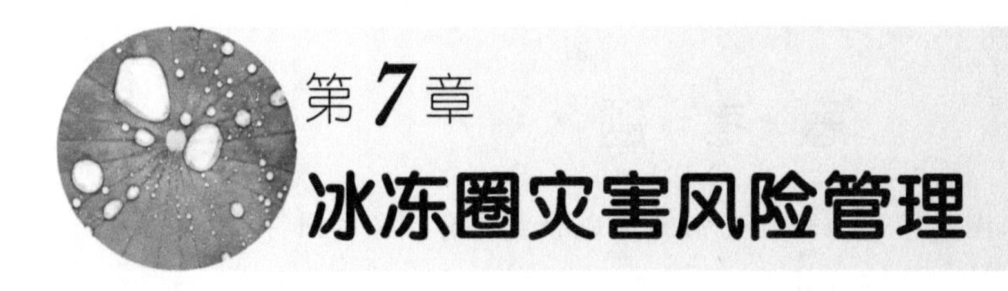

第7章 冰冻圈灾害风险管理

风险管理是指应对风险的过程，包括识别、分析、评估和处理风险的系统方法和活动。冰冻圈地区通过采取风险管理的措施、政策和策略，防止新的灾害风险，减少现有灾害风险，从而减少冰冻圈承灾区的灾害损失，并增强其恢复力。确定哪些风险需要处理，以及处理的优先级，需要以风险分析和风险评价的结果为依据。在风险评价的基础上，风险处理通过采取结构和非结构性措施来避免、减轻或转移致灾事件造成的破坏与损失。本章阐述冰冻圈灾害风险管理涉及的主要内容，包括风险管理的框架和流程、社区风险管理、风险评价，以及常见的结构与非结构性措施。

7.1 灾害风险管理

我国冰冻圈地区主要分布于西部、北部欠发达地区，冰冻圈灾害分布地域广、损失大，呈频发、群发和并发趋势；同时，冰冻圈灾害风险具有复杂性和不可预期的特征。因此，需要加强灾害风险管理来应对日益增多的冰冻圈灾害，从而降低其灾害风险。

冰冻圈灾害风险管理可参考国际通用的风险管理框架与流程来进行。根据ISO31000国际标准《风险管理：原则与实施指南》提出的风险管理流程框架（图7.1）。场景确立主要是指确立风险管理的目标、任务、范围和标准，包括明确谁是利益相关者及其需求，减灾项目覆盖哪些风险；了解相关的法律和政策，以及相关的政治、经济、社会和文化环境；制订风险评价的标准将有助于判断需要处理哪些风险。风险评估包括风险识别、风险分析、风险评价等三个活动（图7.1）。风险处理是选择和执行适当的措施降低风险。监督与反馈、沟通与交流将确保风险管理有效实施。

冰冻圈灾害风险识别目的是了解冰冻圈某一区域是否存在雪崩、冰川泥石流、冰湖溃决洪水等致灾事件，可能影响当地哪些人员、财产、经济活动、基础设施和环境，通过调查生成一个全面的风险隐患清单。风险分析是根据风险类型、获得的信息和风险评估结果的使用目的，对识别的风险隐患进行定性和定量分析，为风险评价和风险处理提供依据。风险分析要考虑导致冰冻圈灾害风险的原因和风险源、风险事件的负面后果及其发生的可能性，包括风险的三要素：致灾事件、暴露和脆弱性分析，以及损失和风险的估算。风险评价是将风险分析的结果与确定的风险标准比较，或者在各种风险分析结果之间进行比较，确定风险等级，以便做出风险应对的决策。

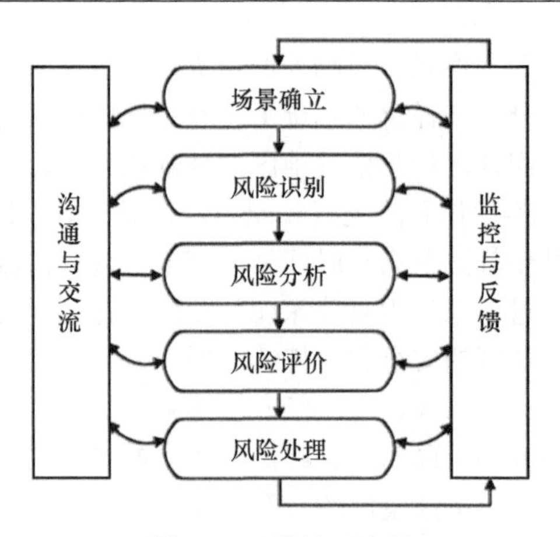

图 7.1　风险管理流程

风险处理涉及识别和评估处理风险的各种方案，以及制订和实施处理计划。可供风险处理选择的方案包括：

（1）不进行可能产生风险的活动，即通过避免产生暴露以规避风险。

（2）通过改变致灾事件发生的强度和概率，以降低造成不利影响的可能性。

（3）通过降低承灾体系统的脆弱性及增加其恢复力，从而减轻灾害的损失。

（4）通过其他方分担或承担风险，如保险来转移风险。

（5）接受残余风险并计划管理其后果，即保留风险。应该指出的是，在采取风险管理措施之后仍然存在一些残余风险，通常很难完全消除或防止风险。残余风险可能导致紧急情况发生，因此，需要积极做好备灾、应急响应和恢复安排。

冰冻圈灾害风险管理强调全程的沟通与监控，以确保实现有效、动态的风险管理活动。①沟通与交流：风险管理过程中强调风险各利益相关者共同参与管理的全过程，这样才能使人们理解和支持管理通过的各项方案和措施。沟通与交流可以达到三点好处：一是提高人们对风险和风险管理过程的理解；二是确保可以充分考虑到各利益相关者的不同观点；三是让所有参与者清楚自己的角色和责任。如果缺乏良好的沟通和交流，将导致风险管理项目的失败。例如，秘鲁科迪勒拉布兰卡地区的冰湖溃决洪水风险严重威胁着当地人的生命与财产安全，通过国际合作，在该地区的冰川湖建立了技术先进的预警系统，但由于当地社区的反对和不信任，一些当地居民在 2017 年毁坏了这些设备。②监控和反馈：由于风险很少是静态的，外部环境的改变将影响风险处理所采用的方法和措施的合理性，因此，要对风险的动态变化建立持续的监控和反馈机制，以保证灾害风险管理的有效性。风险管理过程中要对每个环节进行反复的监控，特别是下列现象出现的时候：风险管理过程中应用一种新的方法，提出了新的要求，采用了新的管理理念和经验并融入了新的数据。

7.2　社区风险管理

社区灾害风险管理（community-based disaster risk management，CBDRM）是以人为

本的自下而上的灾害风险管理模式，鼓励人们自觉参与防灾减灾的全过程，即在对各种自然灾害风险进行识别、分析和评价的基础上，有效地处理灾害风险，以最低的成本，实现最大安全保障。冰冻圈社区位于偏远地区，外部的救援力量常常难以及时抵达。通过 CBDRM 提高公众的风险意识和防灾减灾能力，将极大增强其恢复力。灾害发生时，当地社区能在其他救援队伍赶到前第一时间做出响应，进行自救。在所有救援队伍撤离后，当地居民仍然能够通过自己努力重建家园。从而发挥社区自助、互助和公助的救灾与恢复作用，保障冰冻圈社区的安全和可持续发展。

CBDRM 致力于降低灾害风险、可持续发展和减少贫困，赋予人们以权利和公平，有助于避免冰冻圈灾害事件的负面影响。将面临风险的冰冻圈社区转变成具有恢复力的社区，因此，是冰冻圈社区可持续发展的一个组成部分。

CBDRM 针对存在灾害风险的冰冻圈社区，积极展开冰冻圈致灾事件、暴露要素、脆弱性及应对能力分析，制订冰冻圈社区降低灾害风险的规划、行动和方案。在灾害风险评估、减灾规划和实施过程中社区均应该参与进来。这意味着在灾害风险管理决策及执行过程中，社区参与是核心，尤其是最脆弱的社会群体的参与，在社区风险管理过程中被认为是最重要的。

CBDRM 出现在 20 世纪 80 年代。在过去数十年间，自上而下的途径不能很好地反映脆弱性社区的需求，地方的能力和资源常常被忽视。自上而下的措施反而有可能导致增加社区脆弱性、降低生活质量、社区安全和恢复力的等问题。CBDRM 强调风险管理所有阶段的社区参与，是有效的自下而上的风险管理途径。

7.2.1 CBDRM 的主要原则

（1）致力于发现脆弱性的根本成因，转变导致不平等和不发达的社区结构。

（2）CBDRM 是一个发展路径。在发展实践中，社区参与降低灾害风险十分必要。

（3）任何降低灾害风险的努力必须建立在社区关于灾害、脆弱性，以及降低灾害风险的知识和经验之上。在当地制订和执行降低风险计划中，识别本土风俗、文化和物质条件也非常重要。

（4）需要利益相关者的高层次合作及协调。冰冻圈社区风险管理主要利益相关者包括地方政府在内的政府部门、非政府组织、捐赠者、科研与工程技术人员、媒体、捐赠者，以及社区中的各种社会团体、脆弱群体和个人等。

（5）CBDRM 的支持者和工作人员将当地居民的责任放在最重要的位置。

（6）需要努力加强社区包容性，并进行分权和授权管理。

7.2.2 CBDRM 的步骤

冰冻圈社区实施 CBDRM 的主要步骤如下。

（1）启动阶段。应与社区建立密切关系，建立信任是实施 CBDRM 的基础。利益相关方通过充分沟通与交流，共同达成当地社区风险管理项目的任务、范围和目标。

（2）了解社区概况与历史灾情，包括社区概况的梳理和应对灾害的经验。调查冰冻圈社区的历史灾情时，可提出以下问题：社区以前发生了哪些灾害？什么时间？什么地点？这些灾害造成了哪些破坏和损失？谁受到影响了？还有哪些安全隐患？社区采取的备灾、紧急响应和灾后恢复工作有哪些？什么机构帮助了社区？

（3）开展威胁社区安全的冰冻圈灾害风险评估，包括以下相互关联的评估内容：致灾事件、暴露和脆弱性、潜在损失和影响、应对能力，以及当地居民对灾害风险的感知。

进行社区灾害风险评估时，应把握以下要点：尽力获取冰冻圈灾害风险相关的一切信息，包括次生灾害，如冰川泥石流可能阻塞河道，引发堰塞湖；需要发动社区居民及重要的利益相关者，采取参与式的方式进行；利用不同的参与式的工具来采集分析数据，如移动 GIS；做到社区外的技术和当地经验知识相结合。

（4）制订管理冰冻圈灾害风险的规划，包括社区的减灾、备灾、预警、应急响应和恢复重建的计划。首先需要帮助社区建立一个他们理想中的，拥有抵御灾害能力的社区愿景，把降低风险的措施包括备灾、防灾和减灾与他们的愿景相结合。其次，将灾害风险的优先级进行排序，为确定优先级的每个风险问题设定解决目标。达到目标需要哪些降低风险的活动和工作，谁来负责实施。需用到的资源，其中哪些是社区能够提供的，哪些需要借助社区外部的资源。最后，为这些措施和工作设定完成时间，并设定监测指标（表 7.1）。

表 7.1　管理冰冻圈灾害风险的规划举例

致灾事件	目标	行动	负责人	所需资源		期限	监测指标
				现有	还需		
冰湖溃决洪水	及时预警	建立监测与预警系统	王平	劳动力通信设施	监测与预警系统设备	2020 年 6 月	条例 设备在 2013 年 6 月前完成并验收

（5）建立和强化社区灾害风险管理的组织。设置社会风险管理工作小组，明确组织机构的人员构成，岗位责任，并尽可能以结构图的形式展现出来，让社区居民都能知道。

（6）执行灾害风险管理计划。

（7）社区参与监测和评估，并不断改进冰冻圈灾害风险管理。

7.3 风险评价

7.3.1 风险感知与可接受风险水平

对于风险可以从两个角度来理解：第一，客观角度。这是实际估算风险水平的反映，可以用可能的损失来表示（如伤亡人数、建筑、资金价值）；第二，社会文化角度。包括

价值观和情感发挥作用时，一个特定的风险如何被认定。社会和公众根据他们各自不同的风险概念和映象对风险作出反应，这些映象在心理学或社会学上称为感知。风险感知是社会中的个人或组织对个人经历或与风险有关的信息进行加工、消化和评估的结果。一般可以分为可接受风险、可容忍风险和不可容忍风险。

可接受风险是一个社会或一个社区在现有社会、经济、政治和环境条件下认为可以接受的潜在损失。在工程术语里，可接受风险也被用作评估和确定工程性和非工程性措施的一个指标，为的是根据法规或者已知致灾事件的发生概率和其他因素认可的“可接受做法”，将可能对人员、财产、服务体系和系统造成的危害减少到一个选定的可承受水平。可容忍的风险是指尽管需要采取一些降低风险的措施，但由于所带来的收益而被视为是值得执行的活动。不可容忍风险或不可接受风险，是指社会认为不可接受的，通常为发生概率较高、损失严重的风险。可接受风险为发生概率较低、损失较小的风险。可容忍风险介于二者之间（图 7.2）。图 7.2 称为风险的红绿灯模型，左下角区域Ⅰ为可接受风险，右上角区域Ⅲ是不可容忍风险，中间区域Ⅱ的是可容忍风险。

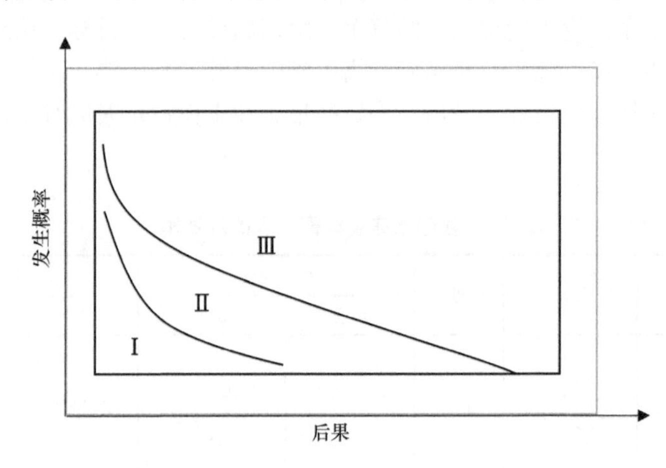

图 7.2　风险的红绿灯模型

判断风险的可容忍性和可接受性分为两个部分：风险分析和风险评价。风险分析以证据为基础确定风险的可容忍性和可接受性，而风险评价则以价值为基础做出判断。

风险分析是利用可获得的信息，评价由致灾事件导致的对于个人或集体、财物或环境的潜在损失。风险分析通常包括以下几个步骤：选择区域、危险（威胁）界定、所评估致灾事件发生概率估算、风险要素脆弱性估算、后果辨析和风险估算。

人类行为主要受到感知的影响。风险感知与个人、社区或者政府怎样感知/判断/评价风险，以及对风险进行分级相关，具体主要受到以下 8 种因素的影响。

（1）个人情况：如一个少年对于高山滑雪遭遇雪崩的风险感知远远低于一个中年人。

（2）文化和宗教背景：文化背景扮演着非常重要的角色，它可以确定当人们遇到冰冻圈灾害事件时是否会认为是“上帝的行为”。

（3）社会背景：住在欠发达地区的人对于同一水平物体的风险感知可能远低于那些住在更发达地区的人们。

（4）经济水平：经济水平越低，感知风险的水平就越低，因为它是对于其他社会经济问题的评价。

（5）政治环境：人们的政治背景起着非常重要的作用。通常认为在应对风险时，中央集权政治体制背景下的国家比其他更注重个人行为和决策的国家更容易处理一些。

（6）意识水平：为了感知风险，人们能意识到风险是很必要的。

（7）媒体曝光：与此相关的就是媒体的曝光，如果一个特定的威胁有足够的媒体曝光度，那么风险的感知也将强一些。

（8）其他风险：人们在感知风险时，往往会与自身经历、事件发生的频率相关联。例如，当非常罕见的事件发生时，如中国南方发生大范围暴风雪或低温雨雪冰冻灾害，通常会被视为很大的问题。

风险评价是通过对风险重要性及相应的社会、环境和经济后果的评估，将价值评估和判断融入决策过程的阶段，由此制订一系列风险管理可选方案。本质上，评价的是关于风险的可容忍性和可接受性。

7.3.2 减灾措施的成本效益分析

成本效益分析是构架和实施降低灾害风险政策和措施的辅助决策工具。冰冻圈社区实施减灾措施是一个资源重新配置的过程，其本身需要社会资源的投入，可以看成是成本。另外，减灾措施可以降低冰冻圈社区的脆弱性，减少人员伤亡和财产损失，降低应急响应的成本，减少的损失可以视为减灾措施的收益。

1. 基本概念

根据与减灾措施有无直接关系，成本可以分为直接成本与外部成本（图 7.3）。直接成本是指与减灾措施直接相关的经济单位所承担的成本；外部成本是一种溢出效应，这种溢出效应影响社会中与减灾措施没有直接关系的利益相关者。直接成本包括不变成本和变动成本。其中，不变成本为初始的一次性的投资支出，发生在项目的开始阶段，不随着时间的变化而增加，如材料、设备和建设费用等；变动成本为项目建成后，随着时间变化而变化的成本，变动成本包括设备或基础设施的修理和维护费用及工资等。

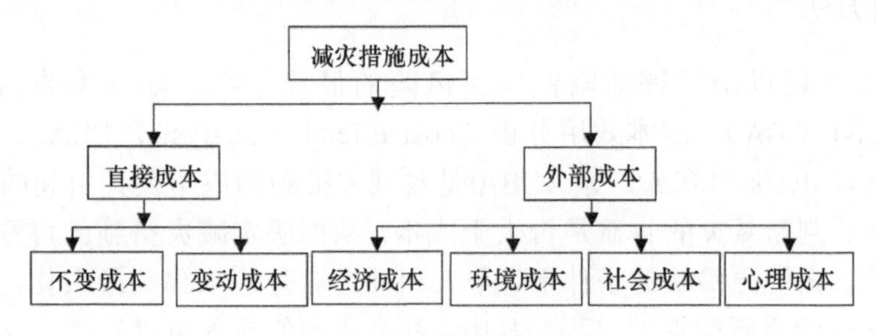

图 7.3　减灾措施成本构成

在灾害风险管理中收益主要是避免或减少的潜在损失。这里的损失包括灾害的市场影响和非市场影响，也可以说包括所有的直接损失和间接损失。因此，根据减灾措施收益来源，减灾措施收益包括：①由于减灾措施的采用所带来的灾害损失的减少，即直接收益；②由于减灾措施的采用带来的衍生收益，即间接收益。根据减灾措施收益的类型，减灾措施收益包括经济收益、社会收益和生态收益等。按照收益的周期性特征，可以分为短期收益和长期收益。按照减灾措施收益评估方法可以分为市场价值和非市场价值。

例如，在一个冰川洪水灾害控制项目中收益可以是减少的潜在损失，也可能是一个由于土地受到保护获取的更高收入。减少的损失可以是直接或间接的，也可以是货币的（有形的）或非货币的（无形的）形态。图 7.4（a）显示了红色曲线以下区域（蓝色区域）风险的原始状态。图 7.4（b）是由于采取新的降低风险措施（如一个提升至 100 年一遇的冰川洪水防御计划）形成的新的风险曲线，用绿色曲线表示。在图 7.4（b）中，新的风险由蓝色+橘色区域表示。风险减少用黄色区域表示。只要黄色区域没有超过橘色区域就说明风险降低了。损失曲线转换程度及概率大小很大程度上取决于降低风险措施的类型。

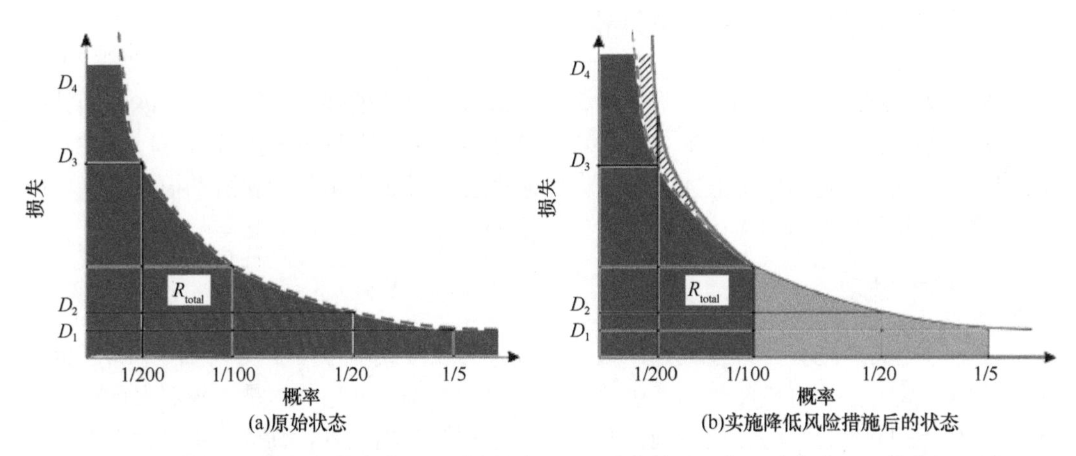

图 7.4 冰川洪水灾害结构性措施的收益，原始状态下，风险总量是红色风险曲线以下的蓝色区域（a）；实施降低风险措施后，新的风险总量是蓝色区域+橘色区域，黄色区域是降低风险措施下的风险减少量（b）

2. 分析方法

有许多工具可以用于评估降低灾害风险的最佳方案，如成本收益分析（cost benefit analysis，CBA）、成本效用分析（cost effective analysis，CEA）、多标准分析（multi criteria analysis，MCA）等。CBA 是对减灾措施的成本及其引起的社会福利的变化进行分析，判断减灾的收益是否大于成本，从而确定减灾措施的可行性。根据福利经济学理论，在资源稀缺的条件下，个人和社会总是追求福利最大化。减灾措施的实施就是社会资源重新配置的过程。其中，社会资源的投入可以看做成本，由于减灾措施的实施带来的承灾体脆弱性的降低及损失的减少即为减灾措施的收益。如果收益超过成本，那么这一方案就容易被人们所采纳；相反，如果成本超过收益，这一方案就可能被拒绝。通常情况下，辅助公共决策的 CBA 分析主要从社会视角展开，常常被认为是经济分析，这种分析常常与减灾措施的财务分析相结合。经济评价与财务评价比较见表 7.2。

表 7.2　经济评价与财务评价比较

财务评价	经济（或社会）评价
通过市场实际支付价格来表达； 基于个人或公司的私人视角； 集中于实际的财务负担	反映整个国民经济成本收益价值，包括对无形商品和服务的影响； 如果要设计灾害损失的计算模型以支持公共政策决策，则比较适宜采用经济评估； 生产要素（土地、资本、劳力）虚拟价格经济评估表明它们在国民经济中的稀缺性； 将国民收入最大化； 这些虚构的价格被作为核算价格、经济价格、社会价格或影子价格； 影子价格通常被用于非熟练劳力，消费品征税或补助、外汇及利息等

在经济和财务评价时，无论是否采用降低灾害风险的措施，都会进行成本和收益评估。即使没有实施降低灾害风险措施项目，灾害风险带来的成本和收益也有其自身发展规律。图 7.5 展示了降低灾害风险措施项目收益与成本的关系，其中项目收益等于项目中的收益减去非项目的收益，项目成本等于项目中的成本减去非项目成本。

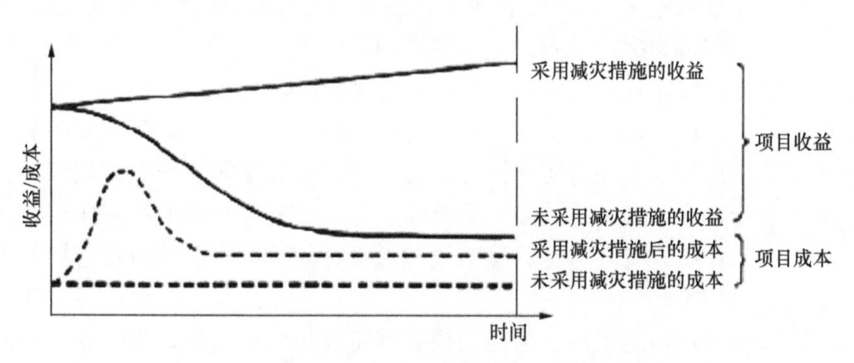

图 7.5　有和无降低灾害风险措施项目的收益情景

与 CBA 相比，CEA 具有 CBA 的大部分特征，但不一定将收益或成本（通常是收益）进行货币化。CEA 分析结果没有显示收益是否大于成本，而是显示出在同等收益水平下，哪种减灾措施成本最低。MCE 相对于 CBA 来说，有多个判断标准，且不一定所有要素都货币化，通过 MCE 分析，可以对不同减灾措施的选择进行排序。社会和环境问题日益突出，带来环境影响评估（environmental impact assessment，EIA）和社会影响评估（social impact assessment，SIA）等工具的出现，运用这些工具得到的结果可以与 CBA 的结果相结合，开展减灾措施方案的评价。近年来，将 CBA 和其他决策支持方法相结合使用，是减灾措施方案评价方法新的发展趋势。

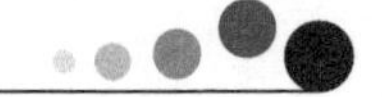

7.4 风险管理措施

采取风险管理措施以降低灾害风险通常也称为风险应对。风险应对是选择并执行一种或多种降低风险的措施，包括降低风险事件发生的可能性或后果的措施。冰冻圈灾害风险应对措施可包括以下选项：决定停止或退出可能导致风险的活动以规避风险；消除或减缓具有负面影响的致灾事件；改变风险事件发生可能性的大小及其分布；改变风险事件发生的可能后果；转移风险、分担风险和保留风险等。上述措施通常可分为两大类，即结构性和非结构性措施。

7.4.1 结构性措施

结构性措施也称为工程性措施，是指减少或避免致灾事件可能影响的任何物理建筑，或是应用工程技术和方法以增强结构和系统的抗灾和恢复力。应注意，土木和结构工程中，术语“结构”的含义更为狭窄，通常仅指承重结构，而其他部分，如墙面覆层和内部配件被称为“非结构”。

结构性措施通过修建减灾工程，使承灾区应对能力提高，从而减轻致灾事件的影响。针对不同的冰冻圈灾害类型，常用的结构性措施不同。

对已建成的交通线路和厂矿区，在雪崩发生频繁且规模较大，同时道路等级又高时，应采取工程治理，雪崩防治的工程类型可分为防、稳、导、缓、阻等主要类型。防止雪崩源头风吹雪的工程措施主要有防雪栅栏、防雪土墙和石墙等。稳定山坡积雪的措施很多，包括水平台阶、水平沟、地桩障、篱笆障、各种结构和材料的稳雪栅栏、防雪桥和防雪塔等。导雪工程措施有导雪提、渡雪槽和遮蔽建筑物等。缓冲阻止雪崩的工程措施有土丘、木楔和石楔等。

防治公路风吹雪危害的工程性措施，根据其特点可归纳为导、阻、改、固四种基本类型。导是设置不同规格、型式的导风设施，以改变吹向道路的风雪流场，减少或清除道路积雪。阻是阻挡风吹雪，这类防雪措施主要有各种防雪墙、防雪栅、防雪林和高棵农作物秸秆等。改是通过提高路基的高度，开挖储雪场、修整边坡等，改变流场，使风吹雪雪粒沉积减少或改变沉积的位置，保证道路畅通。固是在雪源地通过洒水、融雪的方法使雪源地雪固结，雪粒难以吹起，从而达到减少或不产生风吹雪沉积积雪的目的。

7.4.2 非结构性措施

非结构性措施也称非工程性措施，是指不涉及工程建设的措施，利用知识、实践或协约，特别是通过政策和法律，培训和教育，提高公众意识来减少灾害风险和影响。

怀特（G. F. White）被誉为当代美国自然灾害研究与管理之父，他是美国最早意识到工程建设不是处理洪水灾害问题唯一方法的学者。1942 年，他研究发现，当时美国政府在处理洪水问题时不断地投入结构性减灾经费与建设，但洪水灾害损失并没有因此而大幅减少。1945 年，他的另一个研究发现政治与经济条件直接影响着工程防灾的有效性。1958 年，美国政府逐渐接受了非结构性措施减灾的部分理念。1966 年，美国众议院第 465 号文件首次正式提出了“非结构性措施”概念，进行了结构性措施和非结构性措施减灾相结合的尝试。

常见的非结构性措施包括防灾与减灾、备灾、应急响应和恢复的措施。防灾与减灾措施主要有：法规、建筑标准、土地利用规划与管理、搬迁、保险、研究和评估、信息管理、科普教育、公众意识和培训等。备灾措施主要有预备、应急预案、应急物资及应急演练等。应急响应包括预案执行、搜救、动员资源、预警信息和信息发布。恢复的措施有恢复基本服务、资金支持和援助、临时安置、规划与咨询，以及应对公众诉求等。需要说明的是，风险管理措施的划分界线并不那么严格和清晰，如信息管理、风险意识和培训将贯穿整个风险管理过程，各类措施往往相互交织和综合应用，如搬迁既涉及相关法规，也涉及结构性措施。冰冻圈灾害风险管理应该灵活和创新地选择最适合的风险处理方案。

在尼泊尔，几乎所有危险的冰湖都位于偏远和高海拔地区，气候条件恶劣。因此，对这些湖泊采取结构性措施既昂贵也不切实际，但可以采取提高社区的风险意识和其他非结构性措施来降低冰湖溃决洪水风险。这些措施包括开展冰湖溃决洪水模拟、脆弱性和风险评估，进行实时和准实时监测，提高社区居民的风险意识，在现场布设传感器并建立传输网络，农村覆盖无线互联网连接，建立早期预警系统，以及鼓励在溃决洪水低风险区发展。尼泊尔一侧的珠穆朗玛峰地区是最受欢迎的旅游目的地之一。大多数徒步旅行路线都位于较低的河谷沿岸阶地，许多酒店、旅馆和其他基础设施建在徒步旅行路线附近或沿着这些路线延伸。因此，很容易被溃决洪水冲毁。为了降低冰湖溃决洪水风险，有必要阻止在溃决洪水高风险的地方进行开发活动，并鼓励向低风险的地方转移，以及进行新的开发活动。

思考题

1. 根据 ISO 31000 风险管理框架，试述冰冻圈灾害风险管理的流程步骤和要点。

2. 风险的红绿灯模型主要内容有哪些?

3. 以某种冰冻圈灾害为例，列举降低灾害风险常用的结构性措施与非结构性措施。

参 考 文 献

陈赞廷, 等. 2009. 黄河洪水及冰凌预报研究与实践. 郑州: 黄河水利出版社.

丁一汇, 王遵娅, 宋亚芳, 等. 2008. 中国南方2008年1月罕见低温雨雪冰冻灾害发生的原因及其与气候变暖的关系. 气象学报, (05): 808-825.

胡文涛, 姚檀栋, 余武生, 等. 2018. 高亚洲地区冰崩灾害的研究进展. 冰川冻土, 40(6): 1141-1152.

马巍, 穆彦虎, 李国玉, 等. 2013. 多年冻土区铁路路基热状况对工程扰动及气候变化的响应. 中国科学: 地球科学, 43: 478-489.

秦大河, 等. 2016. 冰冻圈科学辞典(修订版). 北京: 气象出版社.

秦大河. 2017. 应对气候变化: 加强冰冻圈灾害综合风险管理. 中国减灾, (1月上): 12-13.

沈永平, 王国亚, 魏文寿, 等. 2009. 冰雪灾害. 北京: 气象出版社.

沈永平, 丁永建, 刘时银, 等. 2004. 近期气温变暖叶尔羌河冰湖溃决洪水增加. 冰川冻土, 26(2): 234.

王世金, 任贾文. 2012. 国内外雪崩灾害研究综述. 地理科学进展, 31(11): 1529-1536.

王世金, 汪宙峰. 2017. 冰湖溃决灾害综合风险评估与管控: 以中国喜马拉雅山区为例. 北京: 中国社会科学出版社.

王欣, 刘时银, 丁永建, 等. 2016. 中国喜马拉雅山冰碛湖溃决灾害评价方法与应用研究. 北京: 科学出版社.

温家洪, 石勇, 杜士强, 等. 2018. 自然灾害风险分析与管理导论. 北京: 科学出版社.

徐辉, 金荣花. 2010. 地形对2008年初湖南雨雪冰冻天气的影响分析. 高原气象, 29(4): 957-967.

张福存. 2015. 遥感和GIS在冰湖溃决洪水中的应用研究. 测绘与空间地理信息, 38(10): 139-143.

张占海. 2016. 北极海冰快速变化: 观测、机制及其天气气候效应. 北京: 海洋出版社.

AWI. 2013. Thawing permafrost: the speed of coastal erosion in Eastern Siberia has nearly doubled. http://www.awi.de/en/news.

Barnhart K R, Anderson R S, Overeem I, et al. 2014. Modeling erosion of ice-rich permafrost bluffs along the Alaskan Beaufort Sea coast. Journal of Geophysical Research: Atmospheres, 119(5): 1155-1179.

Collins M, Knutti R, Arblaster A M, et al. 2013. Long-term Climate Change: Projections, Commitments and Irreversibility. In: Climate Change 2013: The Physical Science Basis. Contribution of Working Group I to the Fifth Assessment Report of the Intergovernmental Panel on Climate Change [Stocker T F, Qin D, Plattner G-K, (eds.)]. Cambridge: Cambridge University Press.

Eicken H, Mahoney A R. 2015. Sea Ice: Hazards, Risks, and Implications for Disasters. In: Shroder J F, Ellis J T, Sherman D J. Coastal and Marine Hazards, Risks, and Disasters. Elsevier, 381-401.

Fernández-Giménez M E, Batkhishig B, Batbuyan B, et al. 2015. Lessons from the Dzud: Community-based rangeland management increases the adaptive capacity of Mongolian herders to winter disasters. World Development, 68: 48-65.

Guo D L, Wang H J, 2016. CMIP5 permafrost degradation projection: A comparison among different regions. Journal of Geophysical Research: Atmospheres, 121: 4499-4517.

Hegglin E, Huggel C. 2008. An integrated assessment of vulnerability to glacial hazards：A case study in the Cordillera Blanca, Peru. Mountain Research and Development, 28 (3/4): 299-309.

Jiskoot H, Murray T, Boyle P. 2000. Controls on the distribution of surge-type glaciers in Svalbard. Journal of Glaciology, 46(154): 412-422.

Kääb A, Leinss S, Gilbert A, et al. 2018. Massive collapse of two glaciers in western Tibet in 2016 after surge-like instability. Nature Geoscience, 11: 114-120.

Muñoz R, et al. 2016. Managing Glacier Related Risks Disaster in the Chucchún Catchment, Cordillera Blanca, Peru. In: Salzmann N, Huggel C, Nussbaumer S U, et al. Switzerland: Springer International Publishing, 59-78.

Nelson F E, Anisomov O A, Shiklomanov N I. 2002. Climate change and hazard zonation in the circum-Arctic permafrost regions. Natural Hazards, 26: 203-225.

Overeem I, Anderson R S, Wobus C W, et al. 2011. Quantifying the role of climate change on the erosion of a permafrost coastline. Geophysical Research Letters, 38, L17503.

Petak W J, Atkisson A A . 1985. Natural hazard losses in the United States: A public problem. Review of Policy Research, 4(4): 662-669.

Raynolds M K, Walker D A, Ambrosius K J, et al. 2014. Cumulative geoecological effects of 62 years of infrastructure and climate change in ice-rich permafrost landscapes, Prudhoe Bay Oilfield, Alaska. Global Change Biol. 20: 1211-1224.

Salzmann N K, Kääb A, Huggel C, et al. 2004. Assessment of the hazard potential of ice avalanches using remote sensing and GIS modeling. Norwegian Journal of Geography, 58(2): 74-84.

Zhong X, Zhang T, Zheng L, et al. 2016. Spatiotemporal variability of snow depth across the Eurasian continent from 1966 to 2012. The Cryosphere, 12: 227-245.